Hanada 新書 006

こんなにひどい自衛隊生活

小笠原理恵
Rie Ogasawara

飛鳥新社

まえがき

「なぜ、自衛隊の待遇改善問題に取り組み始めたのでしょうか」

時々、人から聞かれる。

「一九九九年三月に発生した能登半島沖不審船事件に携わった、幹部自衛官とSNSを通じて友人になったからです」と私は答えている。彼のことを私たち、「自衛官守る会」の会員は「少佐」と呼んでいる。

少佐は毎晩、最終電車に乗って家に帰り、朝は始発で出勤していた。眠れない毎日。疲れすぎて甘いものが欲しくなると練乳チューブを一気飲みしていた。過酷すぎる長時間労働と老朽化した官舎。幹部自衛官は二〜三年に一度は異動となる。引っ越し代の高額な自己負担と引っ越し時の高額な修繕費で、夫婦は必ず喧嘩になると少佐はぼやいていた（自衛隊は最近ようやく、おおむね全額負担の引っ越し代と経年劣化による官舎修繕費の自己負担額を見直した）。

能登半島沖不審船事件の際、少佐は海上警備行動を下命(かめい)され死を覚悟。遺書を残し、公衆電話に並んで家族に最後かもしれない電話をした。指揮官からは「丸腰で君たちを送り出さなくてはならない。すまない」と言われたそうだ。

この不審船対処への不安感が頂点に達すると、突然、少佐を含む隊員たちに不思議な高揚感が沸いてきたという。少佐はこう語る。

「人間は死を予感し極限状態を超えると、にこやかになりキビキビと働き始める。異様な時間だったが、なぜか、みんな笑っていた」

死を覚悟するとアドレナリンが回るのだろう。彼らは無事に帰還したが、死を覚悟した共通の体験によって隊員間に深い共感が刻み込まれ、少佐を支える強い絆(きずな)となったそうだ。

「死を覚悟すると人は微笑み、全力で働けるようになる」

私もそうだった。

二〇一六年九月、乳腺(にゅうせん)超音波診断で異常が発見され、十一月に手術を受けた。すでにがん細胞がリンパ節へ浸潤(しんじゅん)していた。遠隔転移はないものの、進行がんだった。乳がんステージⅢのA、五年生存率が六九・七%。この診断結果を見て、これは死ぬかもしれないなと思った。この時、できることをいますぐやらないと、間に合わないと感じた。

なぜ、国の存亡にかかわる国防の要職につく自衛隊員に対して、国はその恩に報いず、搾取の限りを尽くすのか。少佐を通して見た自衛隊の職場と生活環境の劣悪さに私は疑問を抱き、自衛隊員の待遇改善のために動き始めた——。

診断直後に友人の経済評論家、廣宮孝信氏にお願いして、東京の出版社を紹介してもらった。その後、患部にドレーン（体内にたまった血液や浸出液などを体外に排出するための管）を挿入したまま、その副編集長に会った。「とりあえず、一本書いてみて」と言われたが、編集部には三本も記事を書いて送った。何本ネタがあるのかと聞かれたので「たぶん、無限に」と答え、連載がスタート。気がつけば五年間の連載となり、他の商業誌や新聞にも記事を書くようになった。

連載中はステージⅢのがん治療（放射線治療と抗がん剤治療）のため髪の毛が抜け、長いウィッグをかぶった。友人の医学系教授が「髪はいくらでも生える。命は生えてこない」と笑わせてくれたので、ウィッグをかぶる決断をすることができたのである。

時折、人に気づかれるのが怖くてウィッグで外出できないという患者さんの声を聞く。男女関係なく脱毛はつらく、ウィッグを容赦なく侮辱する人たちも存在する。だが、「ヅラですが、何か?」と言い返せばいい。中傷に気後れする時間は無駄だ。皆さんには「怖がらないで自分の道を進んでほしい。世間の目や人の噂を気にしていては、あっという間に人生は過ぎてしまう」と伝えたい。

私は当時、死ぬかもしれないと考えていたため、できるだけ多くのことを早くやり遂げたかった。がん治療中は憂鬱になり不安で苦しい気持ちになるらしいが、自衛隊の待遇改善のために一本でも多く記事を残そうと仕事を詰めた結果、「普通はもっと落ち込むものなのに……」と医者に言われたほど、病気を憂うる時間はなかった。

幸い治療は成功し、現在もがんは再発していないが、油断はできない。私の母は熱中症で倒れてわずか三カ月で亡くなった。人の一生は儚い。

十年近く記事を書き、国会のロビー活動を続けた結果、「防衛大綱」にも「中期防衛力整備計画」にも予算がついて、具体的に改善は始まっている。

生きた証が少しは残せたかもしれない。

「世の人は我を何とも言わば言え　我なす事は我のみぞ知る」(坂本龍馬)

二〇二四年十二月

小笠原理恵

こんなにひどい自衛隊生活◉目次

服務の宣誓

私は、我が国の平和と独立を守る自衛隊の使命を自覚し、日本国憲法及び法令を遵守(じゅんしゅ)し、一致団結、厳正な規律を保持し、常に徳操(とくそう)を養い、人格を尊重し、心身を鍛え、技能を磨き、政治的活動に関与せず、強い責任感をもつて専心職務の遂行に当たり、事に臨んでは危険を顧(かえり)みず、身をもつて責務の完遂(かんすい)に務め、もつて国民の負託にこたえることを誓います。

第一章　冷酷すぎるボロボロ官舎

若者が集まらない理由

防衛白書の資料によると、自衛隊は二〇一四年から二〇二三年の十年間、一度も定員数を確保できたことがない。特に、若年隊員の人材確保が困難となっている。

慢性的な人員不足に陥る自衛隊は苦肉の策として、二〇一八年十月に自衛官の採用上限年齢を二十六歳から三十二歳に引き上げ、二〇二〇年一月から自衛官の定年年齢を順次引き上げている。体力を求められる自衛隊組織全体の高齢化は、有事や災害派遣等の活動に影響を与えることが懸念される。

なぜ、自衛隊に若者が集まらないのだろうか。

この問題について、多くの人は少子高齢化が原因だと回答するだろう。しかし、十年間に及ぶ人員不足を、はたして少子高齢化だけで説明できるだろうか。筆者は、人員不足の一因として、自衛隊員の待遇に問題があると考えてきた。

①の写真は、ある自衛隊官舎を撮影したものだ。小倉にあるこの老朽化した自衛隊官舎の外壁にはヒビが入っている。その並びには、さらに古い官舎もある。内部も古く、不衛生で暮らしにくいため、一般の賃貸住宅に住む隊員も多く、一棟丸ごと無人という建物も

あると聞く。

防衛省が管理する数多くの官舎や建物の老朽化は大きな問題となっている。防衛省のまとめによると、全国に所有する庁舎や倉庫、管制塔など自衛隊施設は二万三千二百五十四棟あり、そのうち四割の九千八百七十五棟は建築基準法改正前の旧耐震基準のままだ。

業務に直結する庁舎や倉庫等の施設は、補修や建て替えの優先度が高くなる。そのため、隊員の住む官舎等は後回しになりやすい。

①外壁にヒビが入った官舎　©小笠原理恵

修理も建て替えもされない官舎は居住環境が悪化し、入居率が悪くなる。入居が少ない官舎は実用性が低いと評価され、土地ごと売却されることも多い。ここに問題がある。それは、一度手放した土地を取り戻すのは非常に難しいということだ。

自衛隊官舎のある場所は、元は旧日本軍の拠点として使用され、自衛隊の庁舎同様、利便性の良い場所が多い。

一斉行動が可能で防衛拠点との利便性が高い物件を簡単に手放してしまってよいのだろうか。

大事なのは、国家の支出を減らすために土地を手放すことではない。老朽化した官舎の建て替えや補修整備を早急に行い、隊員たちが安心して暮らせるようにすることだ。

もちろん、建築基準法を満たす耐震性のある建物でなければならない。強固な建物に自衛隊員が居住しなければ、災害時に自衛隊員が被災し、救助や支援活動に多大な影響が出るだろう。

風呂場も床もボロボロ

②は、自衛隊官舎の浴室の写真だ。「風呂沸かす　カチカチ鳴るのは　官舎だけ」。某駐屯地で詠(よ)まれたサラリーマン川柳(せんりゅう)である。このカチカチ鳴っているものは昭和の遺物、バランス釜（風呂湯沸かし装置）の操作音だ。

浴槽端(はし)のシャワーが接続されている装置がバランス釜という湯沸かし装置。浴槽自体はとても狭く、手足を小さく折りたたまないと入れない。

洗い場の床はコンクリート剝(む)き出し、浴室のドアも壊れて歪(ゆが)んでしまっている。この官舎に住んでいた自衛隊員から、当時の悲痛な体験を聞いた。

「引っ越した当日に、バランス釜が壊れて使えないことに気づいた。修理申請を出したが、すぐに返事はなかった」

自衛隊官舎は国家のものなので、勝手に入居者が修理することはできない。仮に修理しても退去時に現状復帰を求められる。そのため、修理申請の結果を待つしかないが、その施設の管理者によって対応は異なる。先のケースでは申請を出してから半年後に、管理する業務隊から設備の新規交換は認められないと回答が返ってきた。その間、彼は、シャワーも風呂も使えないまま不自由な生活を強いられた――。

②コンクリート剥き出しの浴室　©小笠原理恵

代替案として、他の官舎への移動を認められたが、それにかかわる引っ越しの費用は自己負担という無慈悲な対

③古びた公衆便所のようなトイレ　©小笠原理恵

応だったという。

自衛隊官舎にはいまもこのバランス釜が多数あるが、バランス釜を取り除いたリフォーム後もひどい有り様だ。リフォーム後の官舎に住んだ自衛隊員は、こう証言する。

「もともとバランス釜だったせいか浴槽に隙間がありすぎて、どんなに対策をしてもコバエが湧き続けます。玄関ポストはひどい錆、網戸のサッシも海が近いので、すごい塩の塊がついています。正直、こんなボロい家に住んだのは人生で初めてです」（④⑤）

⑥は、官舎の部屋の浮き上がったフローリングをガムテープで補強している写真である。前述したバランス釜のある官舎とは違い、浴室の改修工事はされているが、全体を修繕する費用はないようだ。

⑦の写真は、公務員官舎のキッチンの天井部分を撮影したものだ。自衛隊の官舎にも同様の裸電球ソケットしかない住宅がある。裸電球ソケットには蛍光灯を装着することはできない。よって、そこに裸電球をつけて薄暗い生活を我慢するしかないのだ。

洗濯機用の蛇口がないため、この住宅ではキッチンに洗濯機を置いている。さらに気になるのが、この天井や壁がはがれていることだ。

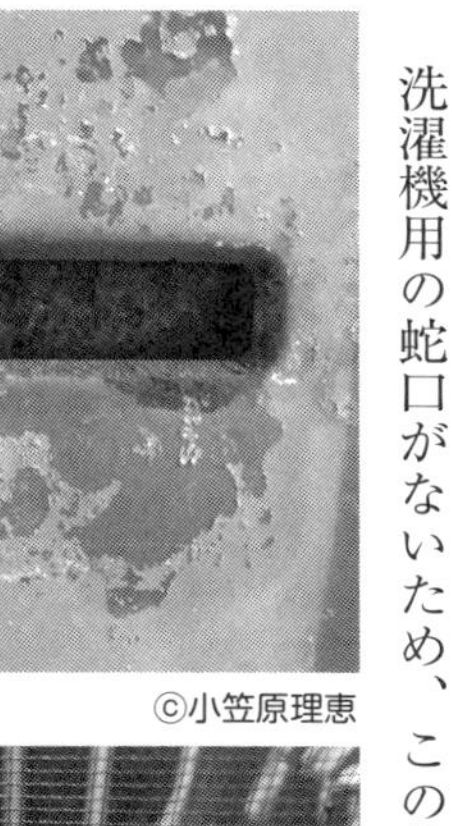

④玄関ポストはひどい錆　©小笠原理恵

⑤網戸のサッシもボロボロ　©小笠原理恵

昭和の建築物は建材にアスベストが使われている場合がある。石綿（アスベスト）の繊維は、肺線維症（じん肺）や、がんの一つである悪性中皮腫の原因になる。また、肺がんを起こす可能性もある。調査されているか

⑥フローリングにはガムテープ　©小笠原理恵

もしれないが、天井や壁がはがれてボロボロ落ちている建物は健康上の不安がある。できることなら住みたくない、と考えるのは当然だ。

他にも関東の中低層官舎では、外壁がボロボロなだけでなく、上の階からの漏水がひどいという話を聞いた。関東の官舎は老朽化していても一般の賃貸住宅の家賃が高いため、仕方なく入居する自衛隊員が多い。

その官舎では湿気でカビが部屋中に広がり、その結果、子どもが喘息の発作を起こすため、泣く泣く家族が離れて暮らすしかないとのことだった。

子どもだけでなく、入居者の健康を考えれば、自衛隊員を途中退職してまともな住居に住める職業に転職したほうがいいと、家族が勧めるのも無理はない。

一等地に官舎は必要ない？

老朽化した官舎は改善しなければならない。だがその一方で、官舎がないことも問題となっている。転勤十回を超える幹部が苦しい胸の内を語ってくれた。彼は東京に転勤となったが、官舎への入居希望を出しても官舎がないという。

⑦天井も壁もボロボロ　©小笠原理恵

「都内、特に市ヶ谷（防衛省本省）では、官舎の需要があるのに官舎が削減されています。一佐以上の高官は、職場から二キロ圏内に緊急参集要員用の借り上げ宿舎（マンションのワンルームタイプで、基本的に一佐以上の高官）が整備されているところです。

本省勤務でも、朝早く出てきて夜遅くまで仕事する人もおり、そのために高いアパートやマンションを借りている人もたくさんいます。もちろん、官舎不足で入居できず、賃貸住宅に住む人も多いですが……。

家賃補助は家賃の半額が出ますが、上限が二万八千円。もちろん駐車場代は含まれません。いま実務者レベルの幹部のために借り上げ住宅を作っているようですが、まるで足りません。

防災だけでなく有事の時にも自衛隊員が遠方に散らばっていれば、それだけ対応が遅くなります。ただでさえ防衛省の官舎は少ないので、国家公務員の公務員官舎を借りています。これは首都圏だけでありません。

『一等地に公務員宿舎は必要ない。贅沢だ』と批判されますが、緊急時に公務員（自衛隊員）が首都圏にいないことで失われる命の数を考えれば、東京都内の中心に住んだほうがいい。嫉妬や合理化、倹約という発想で、国民の命を切り捨てていいのでしょうか」

地方では、さらに大規模に官舎が売却されている。そういった防衛拠点近くの官舎が、外国人を含む第三者に転売される危険も懸念される。ある現役自衛隊員は、次のように嘆く。

「地方では、官舎と賃貸アパートの出費がさほど変わりません。だから、官舎への入居率は低い。そのため、会計検査院から毎年指摘を受け、官舎は次々と壊されます。私が住んでいた官舎も二棟が廃止されました。官舎に空き家が多いから官舎が足らないというのは嘘だと言われますが、あのカビだらけの官舎に幼い子どもを住まわせたくないと考えるのはおかしなことでしょうか」

自衛隊官舎の賃料

平均的な官舎の賃料は　単身用が八千円〜一万五千円、ファミリー用が一万五千円〜五万円くらいだが、東京都などの都心になると値段が跳ね上がり、十万〜二十万くらいとなるという。官舎には共益費がその場所によって一千円〜五千円くらいかかり、駐車場もタダではない。三千五百円〜二万円くらいの金額がかかる。

「骨太の方針二〇〇六」（小泉内閣）によって、十年間で十一・五兆円の国有資産の売却（公務員宿舎の売却収入は一兆円）という方針が決まった。このころから、売却予定とされた公務員住宅の建て替えや修繕が停止され、官舎は劣悪になり、入居希望者が激減した。

さらに、民主党政権時に大量の国家公務員住宅の売却計画が策定された。千葉県市川市二俣にあった二俣地区国家公務員宿舎は、約九・三ヘクタールの敷地に五階建て三十棟があった。そのうちの二十六棟が防衛省の住宅であり、市ヶ谷の自衛隊員がここに多数居住していた。現在の防衛省勤務者の官舎不足の要因の一つが、こういった売却の結果によるものだ。

ここまで官舎の劣悪な居住環境について触れてきたが、隊舎についても紹介したい。自衛隊に入隊直後、艦艇勤務など特別な職域以外の隊員は、隊舎と呼ばれる宿舎で集団生活をすることになる。入隊後数年は、この隊舎生活を義務付けられる。二士から士長までの隊員は入隊後二年たったあとに、既婚であれば営外での居住を許される。

既婚者でも入隊直後の数年は部隊内で生活しなければならないので、三十二歳に採用上限年齢を引き上げた段階で、入隊時に既婚で子どももいる隊員が家族と離れ離れになることが問題となった。部隊によって特例を認める場合もあるが、他の隊員との兼ね合いもあるのでなかなか認めてはもらえない。

隊舎内のベッドのなかには不衛生なものが散見される。常勤自衛隊員のベッドは隊内で「フランスベッド」と呼ばれるまだマシなものを使うようだが、予備自衛隊員招集時等、宿営者数の増加時にその場しのぎに使われるベッドのマットレスは危険だ。

ダニだらけのマットレス

⑧⑨の写真は、実際に使用されているベッドとマットレスだ。四十年近く前のもので、

汗や汚れが染みこみ、この上で眠る隊員がかわいそうだ。

一九八二年製のマットレスがまだ現役なのは驚きだ。ある隊員が、このようなマットレスで眠ってしまった時の話をしてくれた。

「古いものを大切に使うってことはいいという意見もありますが、ダニやカビだらけのマットレスでシーツを使わず寝てしまうと、体中がかゆくて大変なことになります。枕などは黄色いシミだらけで、吐き気を催すようなものもある。大事に使うにも限度がありますよ。訓練で耐乏生活を経験するための山中行軍や野営の経験は必要でしょうが、訓練以外の日常生活もこれでは心が折れます。

⑧不衛生なベッド　©小笠原理恵

たぶん、一般の会社や学校でこういうダニやシミだらけ

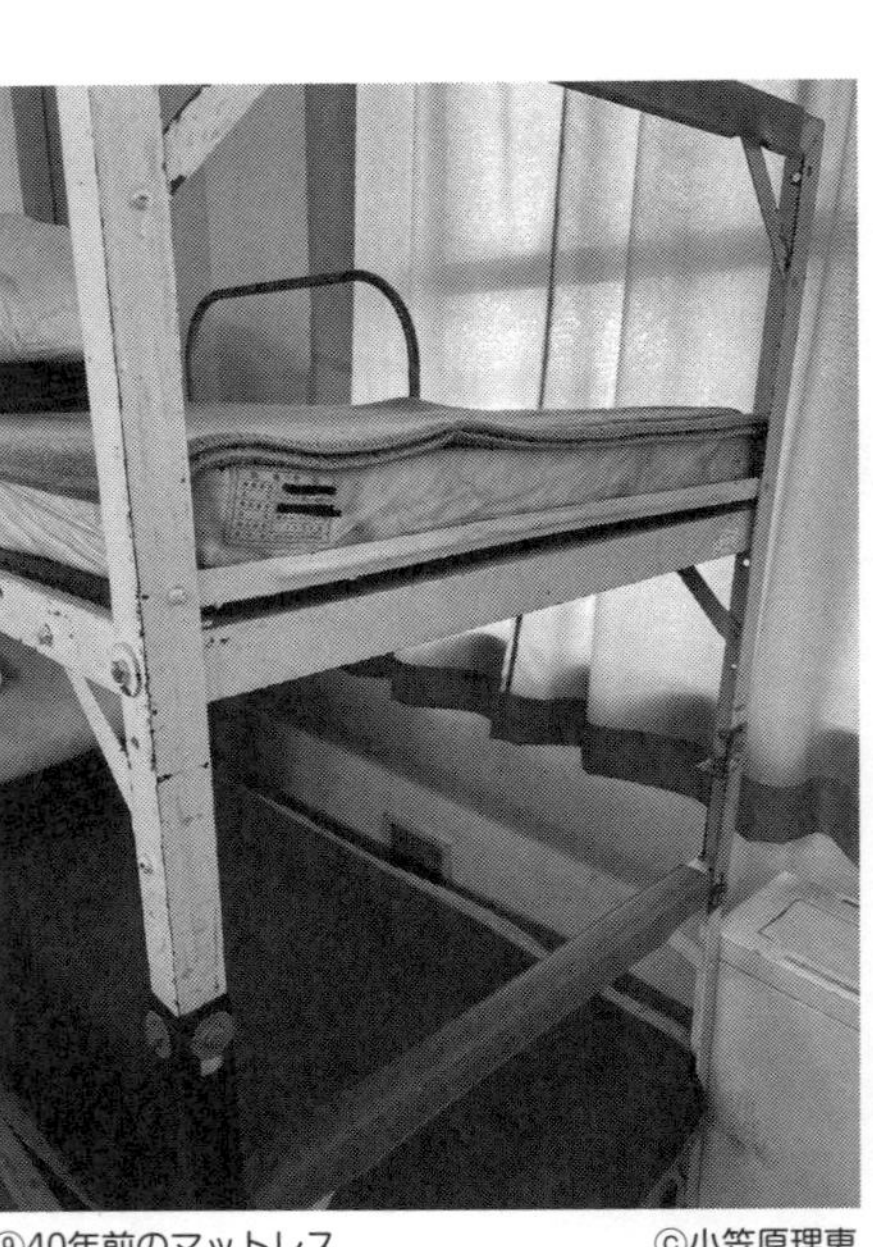

⑨40年前のマットレス　Ⓒ小笠原理恵

の毛布を使えと言えば、それだけで人権侵害問題に発展して大騒ぎになるはずです。それがわからないくらいに、自衛隊の自虐史観は深い。とにかく、突っつかれることは避けなければならない。そのためには、どんな理不尽なことがあっても耐えろと。三・一一後、やっと認められた地位と名誉を継続させる段階だから、もう少し我慢しろというが、我慢できずに士長クラスだけでなく、二曹一曹クラスもやめていきます」

どんなに頑張っても、その組織からの待遇がひどく、自身の存在が軽く扱われていると絶望すれば、そこに人は留まらない。自衛隊員は表向きにはどんなつらいことがあっても、「十分です」「平気です」「これで満足です」「問題ありません」と答えるが、実際には不満は大きく、耐えられない人は次々にやめていく。

米軍では、隊員が数カ月の初期訓練期間を終えれば、ほとんどの場合、基地内で家族と一緒に居住する。テロリスト等から狙われる可能性の高い軍関係者家族を基地に居住できるようにしているのは、非常に合理的だと思う。日本でも、米軍のような隊員家族に配慮した仕組みを検討してほしい。

善意だけでは勤務できない

現職隊員から、こんなコメントも筆者に届いている。

「中途退職の数が多いから監察が入り、現場を知らない天上人が『やめさせるな！』と指導し、逆らえない幹部たちが、さらに『やめるな！』と指導します。私も子どものことも考え、四十代後半で退職しようと考えています。もう国を守るという善意だけでは勤務できません。自衛隊の末端は、すでに末期症状かと思います」

最後に、新任自衛隊員の父親の明かした胸の内を知っていただきたい。

「新任海士の父親です。倅に迷惑が掛かるといけませんので、名前等はお許し下さい。自衛隊員の待遇には親として不満ばかりです。横須賀教育隊の時は三食が常に量が少なく、倅はいつも空腹。連絡が来るたびに食べ物の話ばかりで、聞いている私と妻は辛かった。

護衛艦勤務になってからはコロナ対策もあり、以前は数人でシェアできていた下宿を個人で借りなければならなくなりました。隊からの補助金も入居時のごく僅(わず)かで、毎月の家賃はすべて自己負担ですので、私が家財道具を揃えてやりました。

入隊前に聞いた話とはだいぶ違っていて、本人は笑って過ごしていますが、税金を納めている親としては面白くありません。自衛隊、自衛隊員の待遇改善を強く願います」

第二章　衝撃すぎる廠舎

増え続ける中途退職者

軍人は非常事態において、どんな過酷な環境でも乗り越えなければならない。これを英語で「Embrace the suck」という。日本語で「嫌なことでも文句を言わず、やり抜く」という意味だ。

この言葉は戦場での心構えとして用いられるのだが、これはあくまでも非常時という限定的な環境での話だ。訓練でいくら過酷な環境で耐えられるように鍛えていても、劣悪な環境が長く続けば心身を病んでしまう。士気が低下すれば部隊での死傷率も上がり、全滅する事態になりかねない。

軍隊として大事なのは、戦場等の過酷な環境に耐えられるように、いかに兵士たちのストレスを軽減できるかということだ。米軍は訓練時や派兵時以外は、快適な日常生活を提供することに力を注いでいる。しっかりと休養をとらせ、万全の状態で前線に送ることを考えている。

さて、日本に話を戻すと、自衛隊はこの「非常時に隊員が過酷な環境でも耐えなければならないという原則」(Embrace the suck)を、「隊員は平時でも過酷な環境に耐えなければばならない」と拡大解釈している。

そのため、常に劣悪な環境に置かれる隊員たちはストレスを抱え、消耗し続けることになる。ストレスの多い職場では対人関係も悪化し、些細なことでもトラブルや事故が起きやすい。また、組織から大切に扱われないと感じて、中途退職をしてしまう隊員も少なくない。

⑩ようやく入手した廠舎の写真　©小笠原理恵

二〇二三年度の自衛官候補生の採用率は三〇%で、制度創設以来最低だった。また、「防衛省・自衛隊の人的基盤の強化に関する有識者検討会」によると、二〇二一年度の中途退職者は五千七百四十二人。これは陸上自衛隊の北海道にある第七師団の人員数に匹敵する。戦争もしていないのに一個師団が消滅するような中途退職者数はもはや、平時なのに壊滅の危機といえるのではないか。

この章では、訓練時に自衛隊が使う一時的な宿舎「廠舎（しょうしゃ）」を例に、自衛隊員が中途退職する原因を考えてみたい。

まず、その外観を見ていただきたい。

ボロボロに錆びた外壁

自衛隊員は野外の大規模な訓練や演習時に、演習地にある廠舎という建物や屋外にテントを張って宿営する。

廠舎とは、野外訓練等の際に一時的に宿泊する場所のこと。「四方に囲いのない簡略なつくりの小屋」で、簡易宿舎という意味合いの建物だ。この廠舎は演習場に複数あり、およそ一千人が一度に宿泊できる大規模な場所もある。かまぼこ型のものが典型であり、小さく区分けされた個室があるものもあるが、ほとんどが大部屋だ。

中部地方にあるこの廠舎は、ボロボロに錆（さ）びたトタン波板の外壁だ。トタン波板は高度成長期によく使われた建材である。写真では劣化し錆びた状態のままで、補修された形跡は見て取れない（⑩⑪）。

次に、廠舎の内部を見ていただきたい⑫。

壁は塗装が落ち、カビだらけで亀裂が入っているのがわかる。さらに、天井と壁の角度で躯体が歪んでいるのがわかる。

この老朽化した危険な廠舎も、自衛隊施設全体で見ると氷山の一角にすぎない。

自衛隊には、旧軍時代から昭和二十年までに建てられた建物が五百八十九棟あり、昭和

⑪戦前に建てられた廠舎も　©小笠原理恵

二十一年から昭和五十七年までに建てられた建物が九千二百八十六棟ある。このどれもが旧耐震基準による建物で、大規模災害にも、武力攻撃やテロ攻撃に対しても、防護性能はない。

自衛隊の建物二万三千二百五十四棟のなかで、この旧耐震基準による九千八百七十五棟は建て替えをする予定となっているが、現在も訓練用

⑫ここは強制収容所か？　©小笠原理恵

としてこの廠舎は使われている。

訓練用の建物であるため、テロ等の標的になる可能性は低いが、災害で倒壊する危険性は十分ある。隊員の健康や安全を確保するためにも、この廠舎のような老朽化した施設は見直さなければならない。

上下関係がはっきりしている自衛隊では、こうした待遇面について不満をもらせば今後の昇進に影響する。そのリスクを考えれば、改善を要望できるはずがない。改善を求める声をもみ消すのではなく、国が率先して彼らの訓練環境を整えてほしい。

ベニヤ板の穴から昆虫類

内部には古い毛布と汚れた枕がきちんとたたんである。自衛隊のこの緑色の毛布は防衛庁時代（一九八〇年代）の官給品だと、現物を見た隊員が言っていた。少なくとも、製造後四十年以上経過している毛布がまだ現役で使われていることに驚いた（⑬⑭）。

廠舎に泊まる時は汚れた毛布を下に敷き、その上にゴミ袋やレジャーシート、シーツ等を敷いて、皮膚に直接毛布が触れないようにして寝袋を使って眠るという。

⑬崩壊寸前のベニヤ板　©小笠原理恵

⑭見るだけでかゆくなるベッド　©小笠原理恵

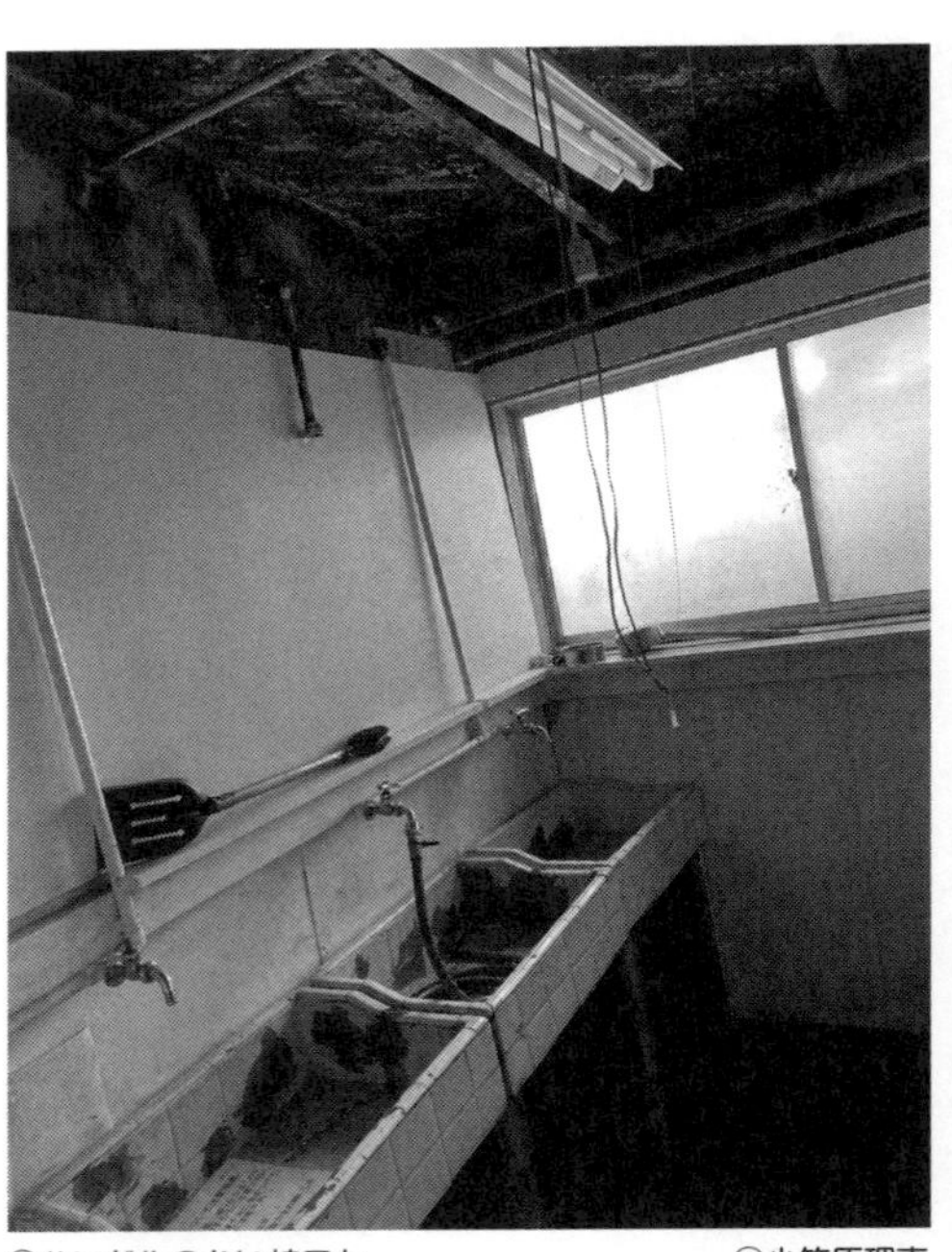

⑮ハンドルのない蛇口も　©小笠原理恵

寝室に当たる部屋では内部のベニヤ板が破れ、穴があいた場所はビニールで補修している。隙間風だけでなく、昆虫類も入ってくるため、虫よけスプレーが大量に必要だ。ここで他の隊員と同じように、女性自衛官も宿泊することがある。

この虫よけスプレーやかゆみ止めも、隊員たちは自腹で訓練時に用意する。隊員が経費を負担するのは訓練時の消耗品だけではない。官給品の質が低いため、靴やポーチやドーラン等は、実用的なものを自分で買いそろえないと後々、自分が苦労する。寒さ対策も、汚れた毛布に棲むダニ対策も、隊員が自ら考えないといけない。

廠舎にはこのようなベッドが置かれている場合もあれば、雑魚寝で並んで眠らないといけない場所もある。この場所はまだベッドで個別に眠ることができるだけマシだ。

水回りの老朽化もすさまじく、まともに使用できるかどうかも不安だ。天井や床にはカビが生え、何かのコードが垂れ下がっている。流し台のタイルも割れてしまったのか、防水用の補修パテで修理された箇所がいくつもある⒂。

さらに、野外訓練時に廠舎を使う手続きは手間がかかるため、廠舎を使わず、天幕（テント）露営をさせたという証言もある。この天幕露営は準備と後片付けに時間が取られ、必要な訓練時間が大きく削られる。

自衛隊の廠舎の問題点をあげたが、野外訓練等ではどこの軍隊でも同様な劣悪な環境を我慢しているはずだ、と言う人もいる。

ここで、米軍の野外施設の様子と比較してみよう。

米軍の強さの秘密

米軍でも、戦場に派兵されているときはまともな宿営地がすぐに準備できないこともある。それでも米軍はできる限り、派兵された場所でも本土での生活を再現しようと努力する。平時に不衛生で危険な施設で我慢させることはない。

米国は有事においても、快適な生活環境を目指す。日本人には信じられないだろうが、派兵時でも後方拠点にいけば、アイスクリームもゲームも温かい食事もシャワーも用意されている。

「過酷な生活環境に耐える」(Embrace the suck) 時間は最小限に抑えようと、米軍は徹底的に支援する。十分な兵站(へいたん)を整えることができるのが米軍の強みだ。

派兵時でも、生活環境を整えておけば、最前線に出るまでの兵士の体力は温存される。万全の態勢で送り出すことで、その後に起こる過酷な前線での活動に耐えうる力をもつ。写真⑯は、米軍の派兵時の暫定兵舎だ。個室で簡易家具があり、衛生的に整えられている。

⑯米陸軍、訓練や派兵時の野外簡易施設内の一例　©小笠原理恵

野外のテント（⑰）も広々としており、掃除がしやすい。二段ベッドでも、快適に眠れる広さがある。派遣場所や行動内容によっては、ヒーター、環境制御ユニット（ECU）、

発電機、化学・生物・放射線・核（CBRN）空気濾過（ろか）および集団防護システムなどを考慮した頑丈なシェルターシステムの軍事遠征品が利用される。

訓練や派兵時には、宿営用のコンテナで簡易ベッド、洗濯機、調理器具、シャワールーム等を運び込み、休養の取れる生活を可能にする。

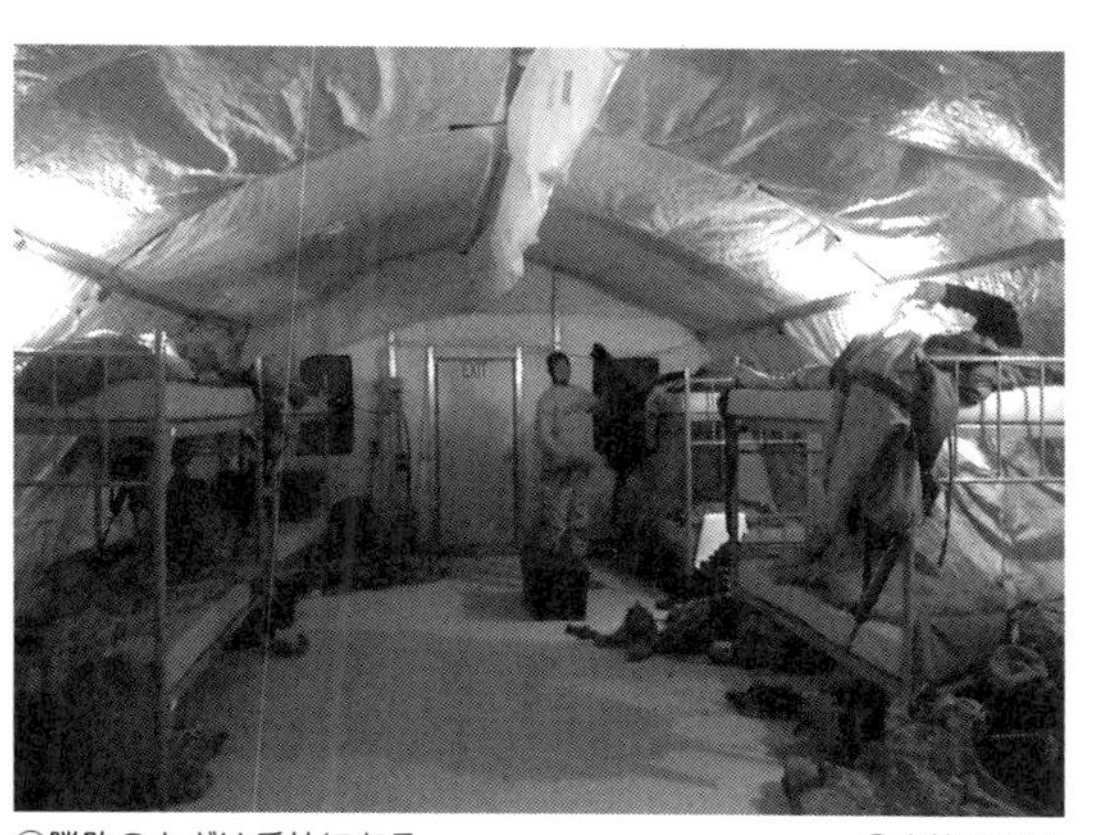

⑰勝敗のカギは兵站にある　ⓒ小笠原理恵

軍人への支援は過酷な環境に耐える支えとなる。

海外に派兵されている時、数少ない楽しみが食事だ。ピザハットやバーガーキング、コカ・コーラ等の協力企業は、キッチンカーを兵士の慰問のために空輸する。海外でも米国と同じ味を食べてもらう努力をする。

また、米軍は前線でも、屋外キッチンで作られた温かい食事を一日一食は食べてもらうことを目標としている。厳しい戦闘時に兵士を支えるのはその温かい食事だそうだ。

「充実した福利厚生」というウソ

防衛省公式の自衛隊総合採用案内の二ページに「充実した福利厚生」という項目がある。ここには次のように書かれている。

「自衛官には、従事する仕事によりさまざまな手当があります。賞与の支給、被服の支給・貸与もあり、寮の居住者には食事や寝具が支給され、家賃もかかりません。また、各種保険も完備されています」

だが、実際には隊員が自己負担を強いられる場面も多く、このような老朽化した廠舎のような生活環境があるなか、「充実した福利厚生」と総合案内に書いていいのだろうか。

廠舎も予算があれば、安全で衛生的な建物に修繕、新築できる。長崎県にある大野原廠舎⑱は鍵もかかり、女性用のトイレもある。訓練に集中するためにも、劣悪な環境をこのように改善してほしい。

二〇二二年十二月、政府は国家安全保障に関する防衛三文書（国家安全保障戦略、国家防衛戦略、防衛力整備計画）を閣議決定した。防衛力の抜本的強化、自衛隊施設の持続性・強靱性の強化を図るため、五年間で総額四十三兆円の予算がついた。自衛隊施設はどれもこれも老朽化している。長らく防衛予算を抑制していたツケは大きい。自衛隊員の生活環境の改善を急いでいただきたい。

これまで老朽化した施設や廠舎が放置されてきた要因のひとつに、リスクの軽視がある。倒壊の危険性を指摘しても、自衛隊は「常時宿泊しているわけではないから問題ない」と改善には消極的な立場だ。

⑱長崎大野原廠舎。これなら不満も出ないだろう　©小笠原理恵

また、自衛隊は隠蔽（いんぺい）体質でもあるため、表向きには「自衛隊は福利厚生がしっかりして待遇が良い」「最高の待遇の自衛隊なのに、あたかも待遇が悪いかのように貶（おとし）められている。改善なんて必要ない」と言う。劣悪な環境に順応できた隊員もたしかにいる。しかし、我慢できずに苦しんでいる隊員のほうがはるかに多い。

我慢するしか許されない多くの隊員たちが「ここで女性や新入隊員たちを宿泊させるのはかわいそうだ。どうにかしてほしい」と訴える声を筆者は聞いている。特に、元自衛官たちが「俺はやっと自衛隊をやめる決心がついた。これでもう黙っている必要はない」と堰を切ったように不満を語り始めている。

自衛隊内の生活面や給料、休暇等の問題が複合的に合わさって、中途退職者の増加につながっている。待遇や職場環境に不満を言っても、上官から「命令不服従」とされて叱責されるだけだ。各々の隊員が不満を感じていても、「どうせ、言ったところで何も変わらない」「早くやめよう」と退職するか、何も変わらないと諦めて萎縮する流れを選ぶかの二択だ。

「役人も自衛官も、組織のなかにいるときは表立って文句を言えません。表立って文句を言う＝やめるってことですから」と自衛隊関係者が語る。

不満がないかのようにふるまうことで、自衛隊内の問題はずっと隠されてきたのだ。防衛予算が増額されたいま、ようやく自衛隊の待遇改善の動きが始まっている。自衛隊は二十四時間三百六十五日、様々な領域で日本を守っている。平和な日本では、その事実さえ意識して生活している人は少ないだろう。人材の確保、中途退職を抑制するためにも、自衛隊員の待遇改善は必須である。

隊員が声に出せないこうした待遇問題を一つずつでも改善していくことが、防衛力につながるはずだ。それこそ、保守派が自衛隊にできる貢献ではないだろうか。

第三章　トイレにある異様な貼り紙

十五分以上、入るべからず

自衛隊の庁舎や隊舎には「異様な貼り紙」が多数あり、一般企業では決して見ることのない掲示物だ。

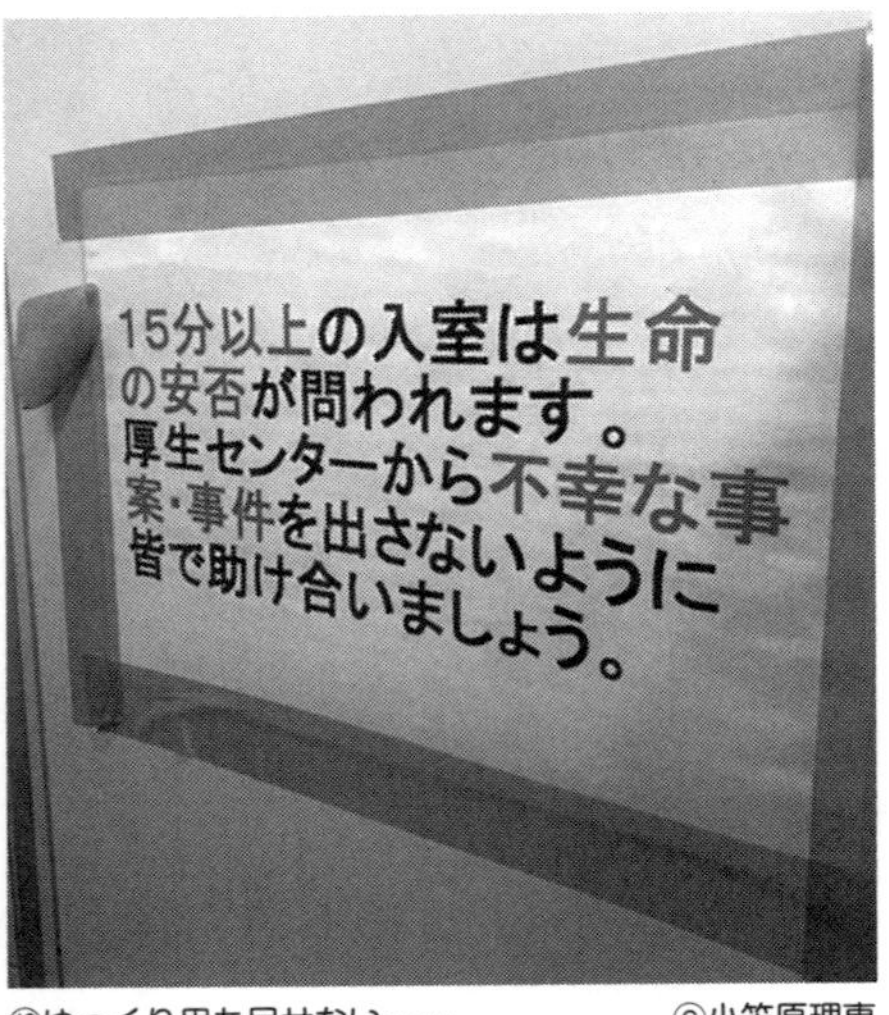

⑲ゆっくり用も足せない……　©小笠原理恵

「15分以上の入室は生命の安否が問われます。厚生センターから不幸な事案・事件を出さないように皆で助け合いましょう」

この掲示物（⑲）はトイレの前に貼られている。自衛隊では何らかの理由で隊員が自殺してしまうケースがある。そのため、トイレに十五分以上、人が入っているとそこで自殺しているかもしれないので、そういった事案が出ないように声をかけたり、注意したりしようというのだ。

自衛隊では途中退職するときにも許可が必要だ。「自衛隊をやめます」と告げても、

自衛官の自殺者数（平成29年度〜令和3年度）

○自衛官の自殺者数（年代別）

年度 区分	平成29年度(2017)	平成30年度(2018)	令和元年度(2019)	令和2年度(2020)	令和3年度(2021)
10代〜20代	24	19(1)	20(1)	28(4)	14(1)
30代	19(1)	10	14	14	14
40代	28	16	9(1)	10(1)	13
50代〜	13	12	11	7	12(1)
合計	84(1)	57(1)	54(2)	59(5)	53(2)

※（　）は女性で内数

⑳防衛白書をもとに作成。2022年度は68人、2023年度は64人

退職許可がもらえなければ退職できない。勝手に自衛隊の隊舎から抜け出して自宅に帰ると脱柵（だっさく）といって、脱走扱いになる。脱柵した場合はその捜索にかかった費用は本人持ちとなり、さらに懲戒等の罰則が下される。

二〇二四年十月十七日、陸上自衛隊第五陸曹教育隊で教育を受けていた二十二歳男性が教官からのパワハラにより自殺した事件で、福岡高裁が国の責任を認め、約六千七百万円の賠償を命じる判決が確定した。事件が起きたのは二〇一五年、判決までに九年かかった。

パワハラを受けて自衛隊をやめたいと思っても、重要な職種であればあるほど退職の引き留めにあう。その職場から早く逃げ出さなければ命の危険がある場合は、退職代行や弁護士に相談する必要がある。自衛隊のパワハラ認定は数カ月かかり、「被害者」と「加害者」が同じ部署にいる状態で聞き取り調査を行う。自衛隊の教育隊は集団生活を義

務づけられているため、暴力やパワハラから避難することができない。

自衛隊がいますぐすべきことは、パワハラや暴力被害にあったという訴えを受けたら、その真偽を調査するより前にまず、「被害者」を一時的に避難させることだ。そして、「加害者」と「被害者」を物理的に離し、「被害者」がどこにいったか追跡できない被害者保護プログラムを作らねばならない。

先の貼り紙は自殺が頻繁にある職場だという認識からきているはずだ。その認識があるなら、告発や相談があればその時点で即座に「被害者」を保護する仕組みがほしい。

トイレットペーパー寄付のお願い

自衛隊内の異様な貼り紙はまだある㉑㉒。

これはほんの一例であり、自衛隊にはあちこちに修理できないことを示した貼り紙がある。それを見ていると気分が滅入(めい)る。

隊員用のアイロン台はボロボロだが、新しく買うことはない㉓。常勤の自衛隊員は使わないが、予備自衛官や他の駐屯地から出張で来た人が一時的に使う。外来宿舎と呼ばれる古い区画にはすでに廃棄されたような枕や寝具が置かれ、それを使うしかない。

野外訓練用の施設、廠舎（しょうしゃ）にはトイレットペーパーを寄付してほしいという旨（むね）の貼り紙が貼られていた。この貼り紙（㉔）は二〇二四年度に貼られていたものだが、自衛隊の公式パンフレットの十ページには、「令和二年度下半期以降、日用品等の自費購入等は確認されておりません」という記述がある。筆者は自衛隊のトイレットペーパー自腹問題について何度も取り上げ、問題提起をした結果、自衛隊はネットを使って迅速にトイレットペーパーを補充できるようにした。だが、補給担当がそのことを知らず、これまで同様に自腹購入だと考えていたから発生した事例だそうだ。

㉑穴空き注意　©小笠原理恵

㉒シャワー室使用禁止　©小笠原理恵

指揮命令システムは高度なＮＣＷ（Network Centric Warfare）の原理を自衛隊も取り入れている。ＮＣＷは「ネットワーク中心の戦い」と呼ばれる革新的な軍事システムコンセプトで、必要な意思決定権限をトップから組織末端に迅速に委譲し、対処を可能にするものだ。米軍のみならず、ＮＡＴＯ各国でも全面実用化を検討・実装している。作戦展開速度が上がり、末端組織まで迅速に指示命令が伝わるシステムを陸海空の自衛隊は持っている。

しかし、平時の日用品の補給はいちいち書面に理由を書いて、多数の上司のハンコをもらい、上層部にお伺いを立てて許可を待つ手続きが必要だ。トイレットペーパー等の一部の消耗品はネットで発注できるようになったが、被服など必要な物品が届くのに数カ月から数年かかる。途中で担当者が書類を処理せず、請求手続きが止まってしまうこともよくあるという。

㉓アイロン台もボロボロ　©小笠原理恵

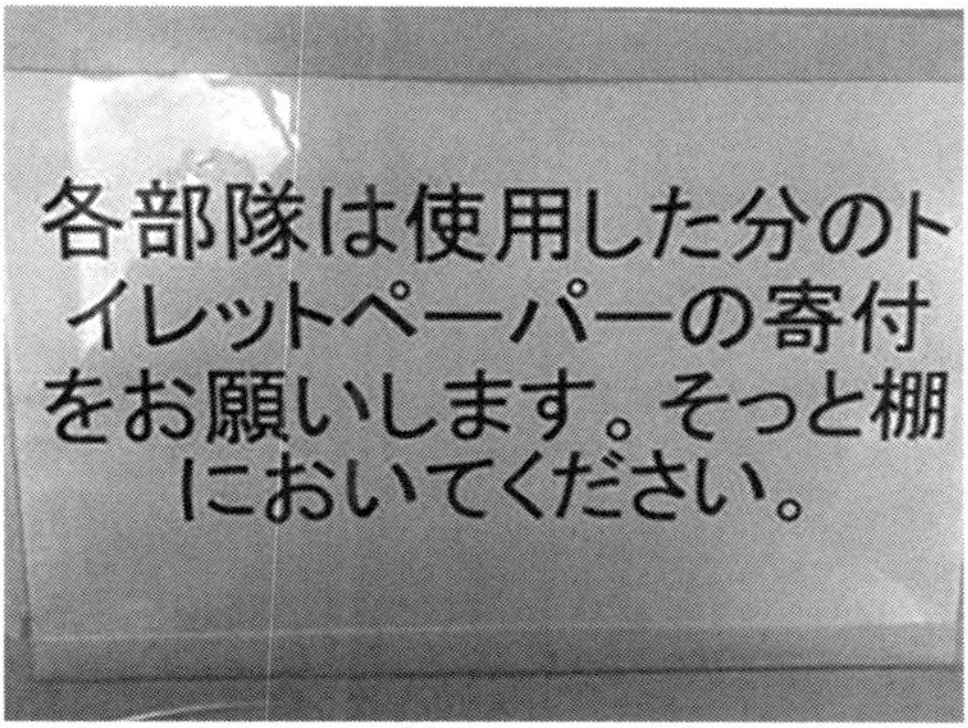

有事にハンコリレーでいいのか

有事の指揮命令システムを瞬時に動かす努力をするのと同時に、平時においてもせめてコンビニのＰＯＳ（販売時点情報管理）システム程度の日用品や装備品の補給システムくらい作れないものだろうか。

旧日本軍は命令を上層部から末端の部隊まで、それぞれのレベルを考えた上で順番に下命（かめい）した。そのため、情報が正確に伝わらないリスクがあり、さらに時間を要することから、作戦立案、武器や必要物資の準備や輸送、人員配備なども遅れた。

ＮＣＷは画期的な軍事システムだが、その基本的な考え方は平時の補給にも応用できる。ＮＣＷの基本はトップに集中している情報を一斉に流し、各々（おのおの）が自分の担当範囲に照らし合わせ、情報を取捨選択して行動するというものだ。これを双方向で機能するようにす

㉔自腹購入はなくなったはずだが　ⓒ小笠原理恵

ればいいのである。

高速道路料金も必要な経費は支給することになっているが、まず総監部から順番に運搬費を割り振り、足らなくなったら請求する仕組みだ。これまで追加請求が認められなかった組織なので、配分された運搬費がなくなれば請求すらせず、高速道路を使わせない部隊も多数ある。

補給物資請求にも複数のハンコが必要で時間がかかりすぎる。有事にこんなハンコリレーで時間を取っていていいのか。

自衛隊をいずれやめようと考えている現職隊員はこう述べている。

「何ひとつまともに修理すらできない組織に国を守るなんて大きなことができるはずがない」

まさにその通りだろう。

第四章　過酷すぎる居住環境

冷房、厳しすぎる制限

営外居住を許可された自衛隊員（自衛隊幹部及び、結婚した隊員、三十歳以上で二曹以上の隊員）は自衛隊の基地の外に居住することができる。一方、曹候補生・自衛官候補生で入隊した若い自衛隊員は自衛隊の基地や駐屯地等の拠点内で集団生活をすることになる。この隊舎での居住費を福利厚生だと誤解している人がいるが、これは「現物給与」であり、収入として計上されるため、社会保障費や税金などの負担が重くのしかかっている。

営内にあるアイロン台や枕等は古くて汚れており、これを「現物給与」と言われて怒らない隊員などいるだろうか。「給料」として支給するのであれば、衛生的な一般の賃貸住宅に劣らないグレードくらいはほしい。

また居住費は現物給与の報酬とされているのに、隊舎での居住に自由はない。居住者に対して厳しい制限が細かく決められている。

その一例が冷房だ。

㉕は、隊員たちに冷房の使用時間について通知している文書である。使用期間、使用時間が細かく決められ制限されていることがわかる。隊員たちはこの決められた時間しか冷

件　　名	冷房使用期間等について（通知）

標記について、下記のとおり実施するので承知されたい。

記

1　使用期間及び時間
（1）期間　令和5年7月1日（土）〜同年9月30日（土）
（2）時間（基準）
　ア　平　日
　　（ア）庁舎　0700〜1800
　　（イ）隊舎　0600〜0800、1130〜1300、1700〜2300
　イ　休　日
　　（ア）庁舎　なし
　　（イ）隊舎　0600〜2300

㉕期間以外でも猛暑日はある！

房の使用が認められていない。

隊舎は隊員たちが生活する場だから、課業時間帯はほとんど無人だろう。だが、真夏に体調不良で休みを取っている隊員にとってそこは地獄の猛暑だ。もし、自衛隊に就職して体調を崩したら、真夏でもクーラーがない部屋で一人熱中症におびえるしかない。生活保護受給者にも熱中症予防のためにクーラーの設置と使用が認められているが、自衛隊員には熱中症から身を守るためのクーラー使用すら許されていないということだ。

二〇二四年六月に防衛省が発行した「自衛官の処遇改善　快適で充実したライフスタイルを」と表題に書かれたパンフレットに、自衛隊の隊舎・庁舎などの建物の四割にあたる九千八百七十五棟が昭和五十七年以前に建築された旧耐震基準適用の物件だと書かれている。この建設されて四十年以上たつ隊舎・庁舎を建て替えせずに改善しようとすると、様々な問題が発生する。庁舎に新しいエアコンをいれようにも庁舎の電圧が足らずに大容量のエアコンが設置できないのだ。

二十畳の部屋に六畳用エアコンを設置したところもあるが（猛暑でまったく効果なし）、100Vの電圧で設置できるエアコンはスポットエアコンや窓用エアコンである。窓用エアコンは壁掛けエアコンと比較しても冷房効率は悪い。それゆえ、自衛隊では生活向上のためとして、安いスポットエアコンを設置している。スポットエアコンは冷風と同時に熱風も吹き出す。多人数のいる室内で一部を冷やせば、それ以外の場所は暑くなるのでは話にならない。庁舎の電圧工事費用が出ないのに、空調機器の費用だけ出しても意味がないのだ。これぞ予算の縦割りの弊害であり、予算の無駄遣いではないか。

洗濯機が足らず、修理もできない

独身の若年隊員の多くは営内という基地の隊舎で集団生活をする。集団生活では冷蔵庫や風呂、洗濯機を共有で使用している。ここで紹介したいのが自衛隊の洗濯事情だ。隊舎内の洗濯機㉖は限られているので、洗濯したくてもできないことも多い。課業外（仕事以外）の時間にみんなが同時に洗濯を始めるため、隊内ではみんなが洗濯できるように洗濯機の運転時間を時短モードで回すことや、複数人の洗濯物を一緒に洗濯することを推奨している。

自衛隊員の洗濯物は砂や泥、油等で汚れている上、多くの隊員が入れ替わり洗濯をしているので、洗濯機も故障するのが早い。ここですぐ、交換や修理してくれるなら問題ないがそうはいかない。某隊舎では洗濯機が足らず、修理もできないと掲示している㉗。つまり、壊れたら洗濯はできないのだ。

隊員によれば、す

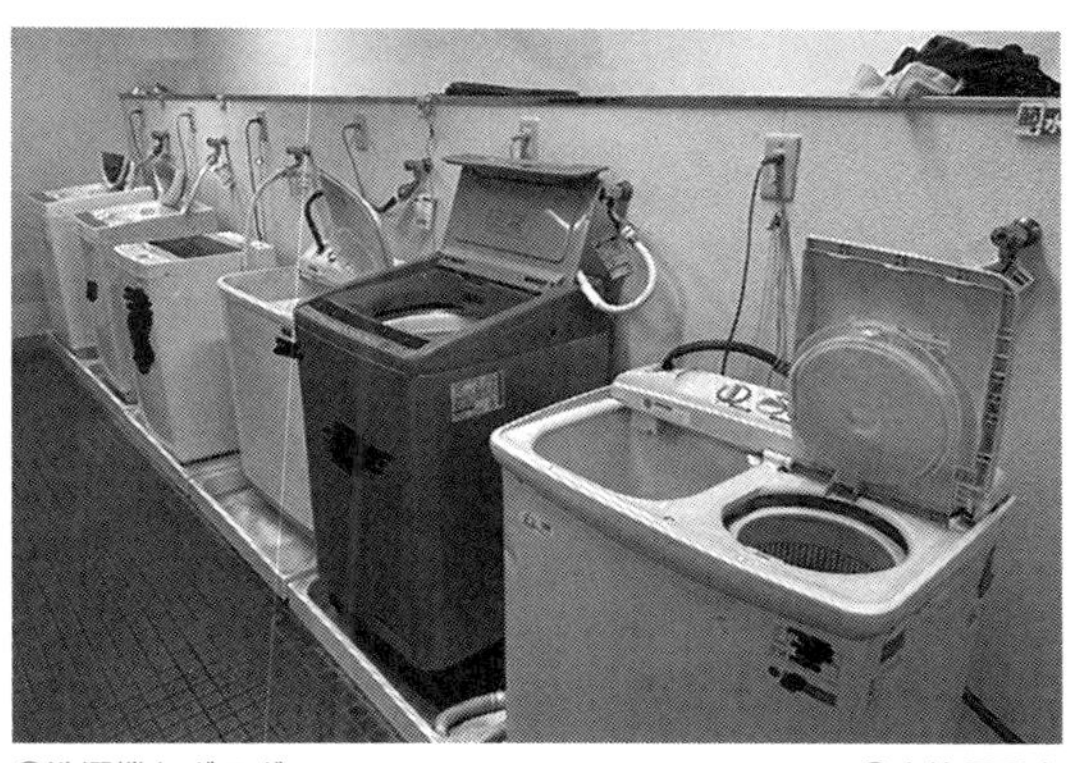

㉖洗濯機もボロボロ　©小笠原理恵

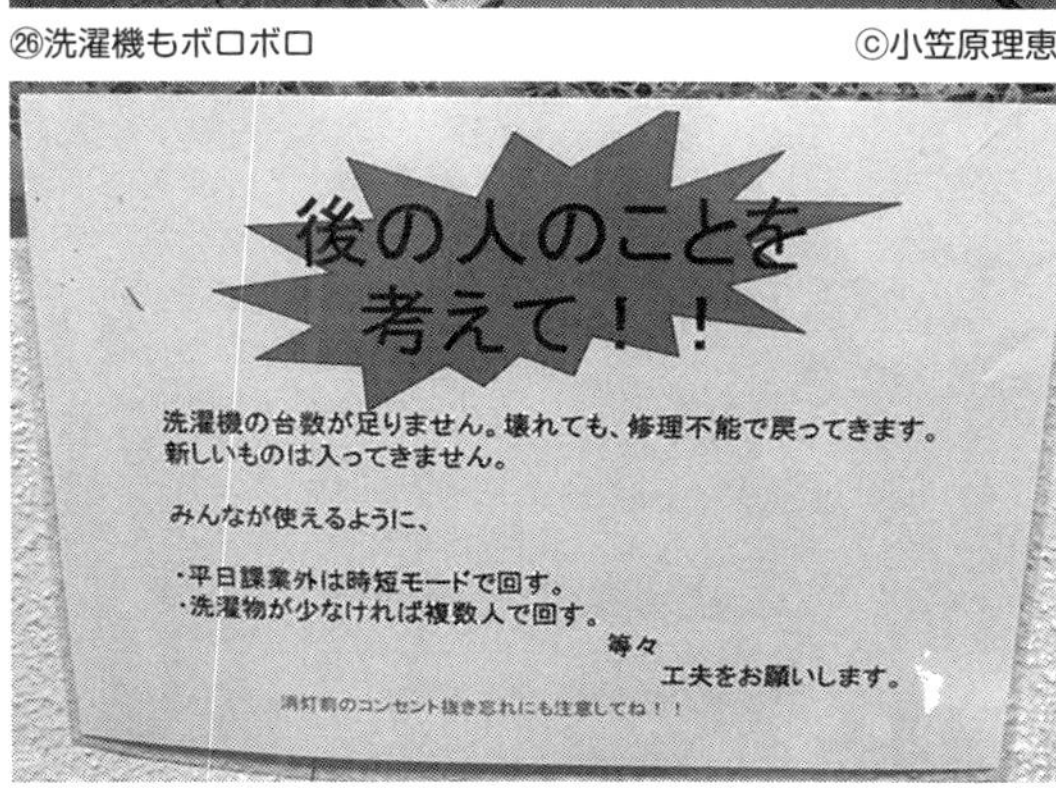

㉗「新しいものは入ってきません」　©小笠原理恵

すぎの前に故障で洗濯機がとまってしまい、洗剤がそのまま残ることがあるという。洗剤が残ったままの下着をつけると皮膚が炎症を起こす。二〇二三年になり、予算が増えた結果、殺菌や感染予防効果の高い乾燥機がある拠点も増えた。だが、ほとんどの自衛隊基地では乾燥機はないので、洗濯ロープ等に洗濯物を干す。

自衛隊では服装チェックは厳しい。汚れたままの制服でいると叱られる。しかし、洗いたくても洗濯機が足りない。営内にはアイロン台などもほとんどなく、あっても先の写真のように薄汚れたものばかりだ。

自衛隊では服装チェックはするものの、衛生的でいるための備品には一切お金をかけない。これで服装を清潔に保てということ自体、無理難題のパワハラではないか。

恵まれた米軍の洗濯事情

米軍では派兵地などで、十分な設備がない時はバケツで手洗いをすることもあるが、自分で洗濯する必要がある場合は写真㉘のような大型のランドリールームで温水洗濯をする。温水で洗濯するほうが汚れは落ちやすいし、感染症予防効果も高い。さらに、米軍は高温の乾燥機で殺菌をする。

派兵先では専用のランドリーバッグに入れて出すと、洗濯されて返ってくる。もちろん無料だ。米軍では軍を支える洗濯や調理、輸送等の仕事は元軍人等も多数いる軍属組織が支援活動をする。派遣された先にも洗濯用トレーラーが配置されることもあるが、派兵時にもできる限り衛生的な生活が送れるようにサポートされている。

㉘米軍の洗濯室　©小笠原理恵

米軍では平時に基本装備品セットが無料で配られるが、毎月の給料に「生活基本手当」(Basic Allowance for Subsistence《ＢＡＳ》)が付き、一カ月の食堂利用のミールカードを買っても三分の二ほど残るため、これで洗剤や消耗品を買う。この残りの金額で必要な衣類や靴等の装備品を買うこともできる。これ以外にも、九十日を超える現役任務に最初に出頭した時に「衣類手当」(Clothing Allowance) を受ける。まずは、「初期衣類手当」(Initial Clothing Allowance)。そして、「交換衣類手当」(Replacement Clothing Allowance)、「維持衣類手当」(Maintenance Clothing Allowance)、「追加衣類手当」(Extra Clothing Allowance)と続く。

米軍では予備役も十四日間の現役・訓練任務を行えば初期衣類手当がもらえる。一方、自衛隊の予備自衛官は自分用の戦闘服を貸与されず、誰かの中古戦闘服を借りて訓練しなければならない。また、クリーニング代はその予備自衛官が負担する場合がある。

予備自衛官への中古戦闘服や戦闘靴貸与に衛生上問題はないのか。自衛隊内で水虫の感染が拡大する理由はこういうところにあるのではないか。

派兵時に被服の洗濯業務を大規模に賄う洗濯工場が自衛隊にも必要だ。また、自衛隊には損耗した戦闘服を何度も当て布をつけて修理する「需品整備工場」(生活必需品等の修繕・修理をする工場)があるが、破れた戦闘服は難燃性や耐赤外線といった機能が失われている。自衛隊では「物品愛護」という言葉で推奨されているが、それではいざと言うときに自衛隊員の身体を守ることはできない。

自衛隊員が使う茶色い水

自衛隊でもう一つ心配なことがある。自衛隊の庁舎も隊舎も官舎もすべて老朽化している建物ばかりだが、この建物で給水タンクの清掃をするとその日から数日間、茶色い水が出るという。

自衛隊の施設は昭和の建物もあり、水道管や排水管も老朽化している。すでに給水タンクや水道管等も内側まで錆びているのではないか。給水タンクを清掃した後、しばらく出る茶色い水を風呂桶にはってもらった写真が㉙だ。小さな子どもには家の水を飲むなと教えているという。

㉙浴槽はまだマシなほうだが……　©小笠原理恵

写真㉚は東北にある自衛隊官舎の風呂場だが、第一章で紹介した官舎と同様、浴槽はバランス釜という湯沸かし装置が付いている。浴槽は狭く大人は足をおりたたまなければ、風呂に浸かることはできない。足を伸ば

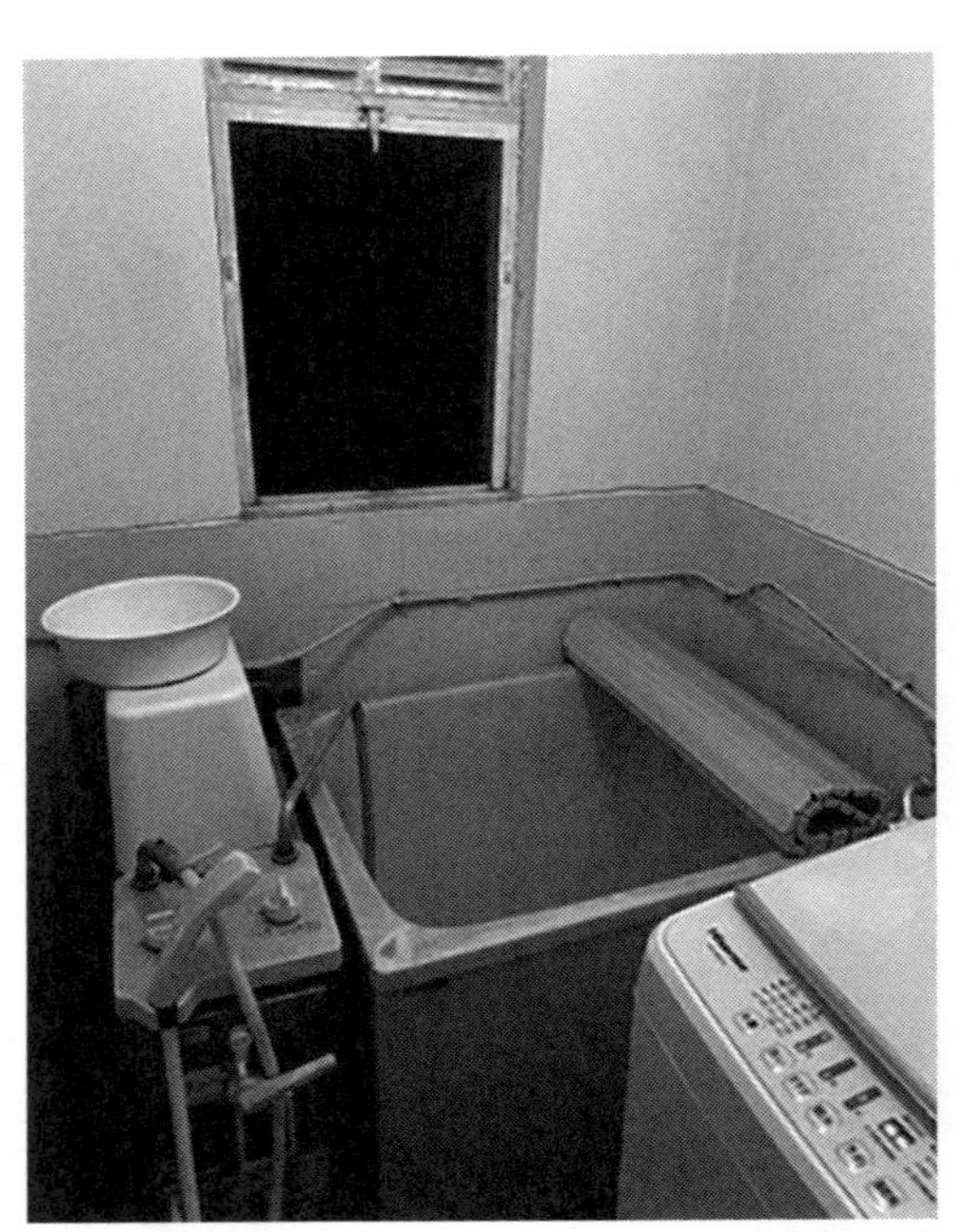

㉚単身でもつらい！　©小笠原理恵

せない上に、洗濯機が洗い場に置かれており、体を洗うにも座ることさえできない。

昭和の古い建物なので洗濯用の排水口がどこにもない。キッチンにおいて調理用のシンクに洗濯の排水を流す人もいるそうだが、ここの住人は風呂の洗い場に洗濯機を置いた。自衛隊の官舎ではこのように洗い場に洗濯機を置く人は多い。ベランダに蛇口があれば洗濯機はそちらに置けるが、古すぎる建物にはそれもない。

手狭な風呂が嫌なら、自分で賃貸住宅を借りればいいだろうという人もいるが、ここは緊急参集要員住宅だ。非常時にすぐに職場に入る義務があるために、指定された住居に住む義務がある。こんな老朽化した住宅に住みたくはないので家族は別の賃貸住宅に住み、その家賃も払いつつ、仕方なくこの寒々とした風呂場で体を洗うしかないのだ。

緊急参集要員住宅は「ガチャ」（運任せ）だと自衛隊員が言っていた。指定された官舎に住まなければならないのだが、新築の住宅ならともかく、老朽化した官舎を指定されれば、家族とはとても一緒に暮らせない。

㉚がある官舎は建て替えが決まっているのだが、建て替え工事予定日を過ぎてもまだ工事が始まらない。建て替え予定だから、修繕されることもないのだそうだ。先にも述べたが、自衛隊の戦闘服は土埃（つちぼこり）で汚れるので洗濯はより重要だ。風呂の洗い場に洗濯機を置くと、漏電（ろうでん）や感電のリスクもある。

自衛隊員の定年は早い。米軍では二十年、軍に勤務すると恩給がもらえる。その後、軍を支援する軍属となり洗濯工場や調理、輸送等の仕事をすればこちらも二十年たつと恩給がもらえる。自衛隊でも洗濯工場を各拠点につくって、そこで定年退職した隊員を迎え入れて洗濯業務等に再就職してもらってはどうか。自衛隊員の生活環境が少しでも良くなるようにと願っている。

第五章　ＮＨＫ受信料も「自腹」

「居住費はかからない」は本当か

国防は国の提供する最大の福祉である。警察は治安を維持し、自衛隊は国を守る。軍事侵攻やテロから国民の生命と財産を守ることは容易ではない。志願制の自衛隊員は自らの意思で入隊し、その厳しい職務を遂行するかけがえのない存在だ。自衛隊の人材不足は、防衛予算を低く抑えることを重視し、自衛隊員を冷遇してきた国の責任である。

少子高齢化を理由にしているが、いまの給料水準では命を懸ける危険な職業は選ばれにくい。ウクライナ戦争の様子は日本でも報道され、戦争の惨状はイメージしやすい。また、スマホで調べればいくらでも職場情報を検索できる時代だ。自衛隊員の職場待遇の悲惨さを隠すことなどできない。

たとえば自衛隊は国民と違い、居住について制限を受けている。日本人は日本国憲法第二十二条で居住の自由を保障されており、公共の福祉に反しない限り、好きな場所に住み、引っ越しする自由がある。

しかし、幹部自衛官は営外居住が義務づけられているが、下士官にあたる自衛官は自衛隊法（第五十五条）で「自衛官は、防衛省令で定めるところに従い、防衛大臣が指定する場所に居住しなければならない」と定められている。自衛隊員は国の都合によりその権利を歪められているのだ。

前述したが、実際には三十歳以上で二曹以上、または結婚した隊員は営外居住許可を出す柔軟な対応もある。しかし、それ以外の隊員が営内居住であることは変わらない。営内の生活では警衛や当直といった業務も追加され、募集説明時に聞いていた有休、代休取得にも上司の許可や行動計画の提出が必要だ。一般社会ではカレンダー通りにとれる休日や、仕事時間以外の外出にもいちいち許可が必要なのである。

自衛官候補生採用案内（公式パンフレット）で「入隊後は宿舎での生活となります。居住費はかかりません。（※平日の勤務時間終了後及び休養日、祝休日は、許可により外出することができます）」と広報している。

休日の外出にも許可が必要だと明記したことは誠実だが、「居住費はかかりません」という記述には首を傾げざるを得ない。自衛隊の宿舎（＝営内）では家賃は取られないが、生活にかかわるこまごまとした経費が隊員の自腹負担だ。

たとえば、電気ポットや電子レンジ、冷蔵庫など電気代は細部にわたって隊員に請求されている。ある月の請求は以下の通り。

・コーヒーサーバー　三百十二円
・電気ポット　六百十五円
・電子レンジ　二百六十二円
・冷蔵庫　二百三十円
小計は、一千四百十九円となっている。

職場で社員が携帯の充電や冷蔵庫を利用していたら、その分の電気代を社員に請求する会社があるだろうか。一般社会では当たり前の福利厚生の概念が自衛隊にないのかと調べると、この請求開始の根源は防衛省ではなかった。守銭奴（しゅせんど）は会計検査院なのである——。

二〇〇六年度の決算検査報告において、会計検査院は防衛省に対して「営舎内に居住する自衛官が居室内で使用する電気器具に係る電気料金を当該自衛官に負担させるなどして、基地等における電気料金の支払を適切なものとするよう是正改善の処置」を求めた。

二〇二三年四月二十四日、参議院決算委員会で「自衛隊の営舎における電気代の問題」について、自民党の和田政宗参議院議員が質問したところ、会計検査院側はこう説明した。

「航空自衛隊において、各基地における私物の電気機器の使用の実態を調査するとともに、これらの使用及び電気料金の負担に関する規程を定め、使用実態に即した電気料金を当該使用者に負担させるなどの処置を求めたものであります」

和田政宗議員は「自衛隊において、営内居住自衛官の私用電気代は何が対象で、どういうふうに算出しているのでしょうか」と質問。これに対して政府参考人は以下のように答弁した。

「営舎内に居住する自衛官の私物品については陸海空各自衛隊においてそれぞれ規則を定めており、生活を営む上で必要最小限のものとされています。その私物品に係る電気代については、電気アイロンやズボンプレッサーなど服務指導上必要なものや定格容量五十ワット未満の電気機器については無償としていますが、定格容量五十ワットを超える私物の冷蔵庫や電気ポットなどについては所属部隊において電気代を徴収しています。電気代の算出については、事前に機器ごとに定めている一月当たりの標準使用時間数と個々の電気機器の定格容量から電気使用量を算出し、月々の電気代を算定しております」

筆者はこの金額にも疑問がある。この算定方法では個人使用の電気代が正確に計算できるはずがない。正確とはいえない算定方法で国は個人に請求していいのか。また、他の省庁でも同様に電気ポットを職員が使う場合は請求しているのか。公平性にも疑問が生じる。防衛省だけのルールならば職業差別といってもいいだろう。

さらに和田政宗議員は問題の根幹にあたる質問を防衛大臣にした。

「営舎内に居住する自衛官は、法令によって営舎内に居住することが定められています。ポットや冷蔵庫、私、これは生活必需品と思いますが、こうしたポットや冷蔵庫の電気代、防衛省で負担するべきではないかと考えますが、大臣、いかがでしょうか」

浜田靖一防衛大臣は「私用電気機器の実態を踏まえた定格容量の見直しなどの検討をこれからしてみたいと考えております」と答弁した。

見直しの検討という言葉は一歩前進だが、ここで自腹負担させないと明言していただきたかった。

経費は自腹負担という非常識

電気代以外にもNHK受信料も営内の隊員は自腹請求されている。自衛隊内では食堂や幹部の居室などにテレビが置いてある。許可をもらって自分専用のテレビを持つ隊員もいる。隊員個人が契約した分だけ支払えばよいとする誠実な拠点もあるだろうが、杜撰な拠点では営内で自衛隊が設置したテレビや個人所有分を合算して、隊員全員でその契約料を支払うという。

若い人たちはYouTubeや動画のストリーミングを利用し、テレビなど見ない。ある自衛隊員はこう憤る。

「テレビを持ってないしテレビがあってもオレは見ない。それなのになんでＮＨＫ受信料を請求されなきゃならないのかわからない。支払いたくないと文句を言ったら、逆切れされた」

テレビ受信契約の意思もなく、テレビを見る装置もないのに受信料を取られるのは苦痛だ。自衛隊では理不尽な命令に従わないといけないが、契約もしていないＮＨＫ受信料を隊員に負担させる理不尽に従わせる根拠はどこにあるのだろう。

考えてみてほしい。会社の食堂にテレビがあったとして、そのＮＨＫ受信料が社員に請求されたらどう思うだろうか。

隊員の自腹負担は装備品、ＮＨＫ受信料、電気代と際限がない。こんな自衛隊員を搾取するやり方がなくならないうちは、入隊した隊員もすぐにやめてしまうだろう。一般社会にある最低限の福利厚生という概念、経費は会社持ちという常識を自衛隊が身につけるまで採用難は続くはずだ。

各部隊等ＮＨＫ受信料契約口数及び支払額等（　年　・　月）

No	部隊名	地上口数	地上支払額	衛星口数	衛星支払額	合計支払額	支払方法	備考
1		2	4,900	0	0	4,900	か月払	
2		6	14,700	0	0	14,700	か月払	
3		4	9,800	0	0	9,800	か月払	
4		4	9,800	0	0	9,800	か月払	
5		4	9,800	0	0	9,800	か月払	
6		2	4,900	0	0	4,900	か月払	
7		2	4,900	0	0	4,900	か月払	
8		0	0	0	0	0	か月払	
9		1	2,450	0	0	2,450	か月払	
10		2	4,900	0	0	4,900	か月払	
11		17	41,650	0	0	41,650	か月払	
12		2	4,900	0	0	4,900	か月払	
13		0	0	0	0	0	か月払	
14		0	0	0	0	0	か月払	
15		3	7,350	0	0	7,350	か月払	
16		2	4,900	0	0	4,900	か月払	
17		0	0	0	0	0	か月払	
18		1	2,450	0	0	2,450	か月払	
19		5	12,250	0	0	12,250	か月払	
20		17	41,650	0	0	41,650	か月払	
21		0	0	0	0	0	か月払	
22		7	17,150	0	0	17,150	か月払	
23		2	4,900	0	0	4,900	か月払	
24		0	0	0	0	0	か月払	
25		1	2,450	0	0	2,450	か月払	
		5	12,250	0	0	12,250	か月払	
		2	4,900	0	0	4,900	か月払	
		1	2,450	0	0	2,450	か月払	
		4	9,800	0	0	9,800	か月払	
		9	22,050	0	0	22,050	か月払	
		7	17,150	0	0	17,150	か月払	
		0	0	0	0	0	か月払	
		5	12,250	0	0	12,250	か月払	
		0	0	0	0	0	か月払	
		5	12,250	0	0	12,250	か月払	
		2	4,900	0	0	4,900	か月払	
		0	0	0	0	0	か月払	
		3	7,350	0	0	7,350	か月払	
		13	31,850	0	0	31,850	か月払	
		2	4,900	0	0	4,900	か月払	
合計		142	347,900	0	0	347,900		

集金は、　月　日・　日・　日（各日　まで）の３日間で集金します。
月からの口数変更は　月　日 までに業務隊 総務科 外来受付係へ紙等（メール可）にて
ください。（様式随意）
金は、地上視聴料金＝1口 ¥　です。
への振込み期限の関係上、支払い期限厳守でお願いします。
明な点は業務隊 総務科 外来受付係までお願いします。

業務隊 総務科 外来係

㉛部隊名と支払額が記されている

第六章　米軍人の奥様からのメール

米軍下士官の居住環境

自衛隊員の居住環境や装備品の問題点についてＳＮＳでポストすると、米軍の現職やＯＢ、そのご家族の皆さんからメール等で情報が寄せられることがある。日系アメリカ人やその奥様だったり、日本のサブカルチャー好き等、様々な理由で親日になってくれた方々だ。彼らは米軍の居住環境や待遇と比較して、あまりにも自衛隊の処遇がひどすぎることに心を痛めている。自衛隊の居住環境がよくなってほしいとの願いがこめられた米軍人の奥様からのメールを一通、ここで紹介しよう。

彼女のご主人は特別な高官（オフィサー）ではなく、エンリステッドだったという。エンリステッドは自衛隊の曹士クラスにあたる。若い隊員不足の自衛隊は、この米軍の居住環境を参考に改善に取り組んでもらいたい。

＊

私の夫は元米軍人で、在日米軍基地に配属されていました。在日米軍基地居住時に自衛隊の方たちと交流があって、住宅事情や、子育ての点においてこんなに違うんだなあと思うことがよくあります。

私たちはこれまで六年半住んでいた基地の住宅を出ました。Ａハウジング（米軍所属の住宅関係のサービス会社）の新築でした（㉜㉝）。退去時には壁には穴、子どもたちの落書きやシールでベタベタでしたが、退去時は通常の掃除をしただけで一切お金をとられませんでした（壁はこちらで直すし、剝がしたフックのシール残りはこちらでやるから何もするなと言われました）。むしろ六年半も住んでいて綺麗ねと褒められたくらいです。また、犬も飼っていましたが、そのことに

㉜㉝すべてがそろっている米軍の住宅　©小笠原理恵

ついても何も言われませんでした。

米軍の住宅には、冷蔵庫、食洗機、乾燥機、洗濯機、エアコンは五台もついていました。壊れることがたまにあって、メンテナンスに連絡するとすぐ人が来て対応してくれます。ただアメリカの製品だからか、修理ではなく、そのまま交換になることがよくありました。六年半の間で食洗機と洗濯機は一回、乾燥機は二回、新品に交換してもらいました。新築の家なのでもともと全部新品でしたが、アメリカの製品は壊れやすいようです（電化製品の修理や交換に料金はかかりません）。また、エアコンも定期的に掃除にきてくれて、私たちの負担は一切ありませんでした。

アメリカ本土ではアパートを借りていて、ハワイにいたときは一時期だけ軍のハウジングに住んでいました。在米でオフベース（基地の外の住宅）に住むときには家電は借りませんが（とはいえアパートは全部家電付きでした）、基地の外のマンションに住んでいた厚木のときは乾燥機を基地が貸してくれた覚えがあります。在日基地は、在米とまた対応が違うのかもしれません。

東日本の基地で知り合った自衛隊の方に、引っ越し先の家を前もって決めておく必要があると聞いてびっくりしたことがあります。米軍では、荷物を現地に送って一旦倉庫に預かってもらいます。現地で家を決めてから荷物がその倉庫から送られてくる仕組みです。

在日基地ですぐに基地の住宅に入るように言われることもあれば、自分でオフベースを探す場合もあります。いずれにしても引っ越すまではホテル滞在となり、軍が負担してくれます。引っ越しは二回に分けて、大きな家具などをまず送り、次に引っ越しギリギリの頃に、その他の荷物をエクスプレスで送ります。家具などが届くまでには時間がかかるのですが、その間のベッドやテーブルなども基地が貸してくれました。

だから、自衛隊の話を聞くと、本当にどうしてそこまでひどいのかと悲しくなります。

＊

苦労の多い自衛隊の異動

自衛隊員は異動が決まれば、その異動先の官舎や賃貸住宅を探して、引っ越し先を決めなくてはならない。この住居を探すときの交通費は自腹だ。異動先が決まったら、隊員は三箇所の引っ越し業者に見積もりをとって、提出。認められた業者で引っ越しをしなければならない。春の異動シーズンで業者が希望通りの日に引っ越しをしてくれない場合は、異動日に基地に出頭しなければならないため、隊員は先にホテルなどに宿泊して異動先の拠点で仕事を始める。業者の都合で異動日に荷物が間に合わず、ホテル泊する場合の宿泊費は自衛隊でも経費から出るようになったそうだ。

だが、米軍のように先に荷物を異動先に送り、現地のホテルに宿泊しながら、居住先を決め、転校等の手続きをするほうが圧倒的に家族への負担は少ない。仕事の引き継ぎや引っ越し先の内見用の交通費や宿泊費を出してはならないという規則は自衛隊にはない。しかし、自衛隊内では個人の異動のためだけに経費を使ってはいけないだろうという空気があり、申し出ることができないのだ。その費用を請求した場合、部隊長や経理担当がそれを支払うかどうかはやってみないとわからない。

ボロボロなのに約二十万円の修繕費

自衛隊の官舎に住むと積立金というお金を毎月支払う義務がある。異動時に多額の修繕費を請求されるのでそれに備えるためだ。自衛隊の幹部は二~三年に一度引っ越しをする。そのたびに数十万円程度の負担金がかかるのだ。子どもがシールを貼り、落書きをすると過失になる。二〇二二年度からこの積立金制度がなくなり、引き落としがされなくなるという文書がまわってきたが、制度が間に合わなかったのか、結局二十円万円近い金額を請求されたケースもある。

官舎入居時からふすまの敷居が欠け、壁にはボコボコと歪（いびつ）な穴があり、木製の窓枠はネトネトと汚れていた。風呂場にはカビのような模様があり、換気扇用の穴がふさがれたタイル張りの台所の剝（む）き出し配管は一部黒ずんでいた——。

にもかかわらず、修繕費を請求されたのだ。あまりに理不尽ではないか。

積立金があったので、その場で支払った金額は数千円だが、自衛隊の官舎はこのように大きな出費がともなう。ある隊員はこう語る。

「自衛隊員が異動のたびに夫婦喧嘩になるのは、一般人の感覚からしたらあり得ない出費が嵩（かさ）むからでしょうね。妻が旦那越しに自衛隊に怒ってるんでしょう。そのせいでお金が貯まらないですから」

繰り返すが、二〇二二年度から自衛隊はこれまでの積立金制度をやめ、経年劣化や軽微な修繕については国が負担するという通知を出した。だが、どこまでそれが守られるのか、あまり信じてはいけないと隊員たちが言うのを聞いた。

第七章　残念すぎる自衛隊〝めし〟

基本、おかわりはできない

人は空腹になると力が入らないし、集中力が低下してしまう。昔から「腹が減っては戦（いくさ）ができぬ」という。第二次世界大戦で旧日本軍が敗けた理由の一つにも、糧食の調達問題があった。インパール作戦、ガダルカナル島の戦いで、多数の餓死・病死者を出した記録が残っている。

戦場では弾薬や燃料だけでなく、糧食と医薬品が勝敗を決める。命を賭（と）して日本を守るために戦ったこの先人の教訓を、はたして私たち日本人は正しく受け取っているのだろうか。

この章では、自衛隊員の食事についてスポットを当てて考えたい。

二〇二一年十一月十六日、航空自衛隊の横田基地が「空自横田基地の栄養バランスのとれた昨日の食事#横田飯を紹介します」とX（旧ツイッター）にポスト（㉞）。自衛隊の広報を目的とした投稿だが、意に反して、この投稿は炎上する事態となった。

朝食の主菜はししゃも（二匹）、昼食はマーボーナス、夜食は鯖味醂干焼（さばみりんぼしやき）とある。食事のメニューはともかく、おかずの分量が少なすぎる。とても体力のいる自衛隊員がこの食事で十分だと思えない。

この投稿に、「もっとたくさん食べてほしい」「老人用の食事でしょうか?」「いつも、こんなに質素な食事なんですか? これで栄養つきます? 力出ますか?」「刑務所のごはんより質素な感じかも……」というコメントが溢（あふ）れた。

現役の自衛隊員に訊いた。

「この量で隊員さんは十分なのでしょうか? ごはんのおかわりはできますか?」

自衛隊員は残念そうにこう答えた。

「基本、おかわりはできませんね。白米だけは茶碗が大中小と用意されているので、十分な量を食べられます。自衛隊では、白米のみに限っては、いっぱい食べられる仕組みです」

㉞紹介したいほど自慢の飯だった？

二〇二四年度、自衛隊の一般部隊等の食費

㉟横田基地よりマシだが

は日額一千百二十四円程度に引き上げられた。それでもおかずに期待できず、分量も満足できるほどの量ではない。

この炎上騒動のあと、航空自衛隊三沢基地が「横田基地の食事が話題になっている今日この頃ですが、#三沢基地の食事はどうでしょうか?」と投稿（㉟）。この投稿にも、「おかずが少ない！」「ボリューム感に寂しさが……」というコメントが続いた。

事務職員であれば我慢できるかもしれないが、自衛隊員の身体能力向上に十分な食事とは思えない。体力差で戦況が不利に動く危険を考えれば、これでは足らない。また、有事には不眠不休で警戒、監視をする場面も想定される。国難を排除する強靭な身体能力が、これで培われるとは思えない。

ごはんとパン、両方食べて懲戒処分！

ここ数年、自衛隊員の食事に関する懲戒処分が相次いでいる。

二〇二二年十二月十五日、航空自衛隊沖永良部島（おきのえらぶじま）分屯基地内の隊員食堂で二食分を無銭飲食したとして（金額にして六百三十四円相当）、四十代の二等空曹を停職六日の懲戒処分にした。

十二月五日にも陸上自衛隊駒門（こまかど）駐屯地で、自衛隊幹部が駐屯地の食堂で計二百二十三食の昼食を不正に食べたとし、停職十二カ月の懲戒処分となった。この幹部は依願退職の予定だ。

二〇二一年十月には、航空自衛隊那覇基地の食堂で納豆とパンを規定量以上食べたとして、四十代の三等空佐が停職十日の処分を受けている。

「朝寝坊をして十分に朝食をとれる時間がなかったため、ごはんを減らして、パンもとった」

自衛隊では、ごはんとパンの両方を食べると厳罰なのだ。

この相次ぐ自衛隊の食事による懲戒処分に、ＳＮＳでは「ごはんくらいお腹いっぱい食べさせてあげて！」という意見が多い。その一方で、「税金なのだから、規定量で我慢すべきだ」という厳しい意見も散見される。

なぜ、自衛隊員が自衛隊の基地内の食堂でごはんを食べただけで懲戒処分になるのか。

厳格すぎる営内喫食ルール

自衛隊の衣食住は無料だと思われているが、そうではない。自衛隊内の食堂で食事ができるのは、その営内に居住する隊員だけだ。基地の外に住む営外者は、事前に申請して認められた場合は料金を払って喫食できる。食事量は厳格に管理されていて、少しでも多くとれば懲戒処分される可能性がある。

自衛隊内の経費の締め付けが厳しくなる前は、カレーライスなら事務官や営外勤務者でも食べていい時代があったそうだ。そのルールが続いていると勘違いした事務官も懲戒となった。

自衛隊内には指揮官となる幹部自衛官がいるが、彼らは営外勤務者なので、基地や駐屯地内の食堂では喫食する権利がない。特別な場合を除き、申請して認められなければ食堂で食事ができない。突発的な事態が起こったときに、幹部や外部の自衛隊員がごはんを食べられない。この厳格なルールで、自衛隊内の訓練や活動内容にも弊害が起きている。

自衛隊は災害派遣で北海道などの遠方の基地から、熊本などの被災地に災害派遣されることがある。五日かけて陸路を車で移動する途中、補給・休憩を兼ねて各地の駐屯地や基地に宿泊する。このような突発的な移動では携行食が利用される（㊱㊲）。

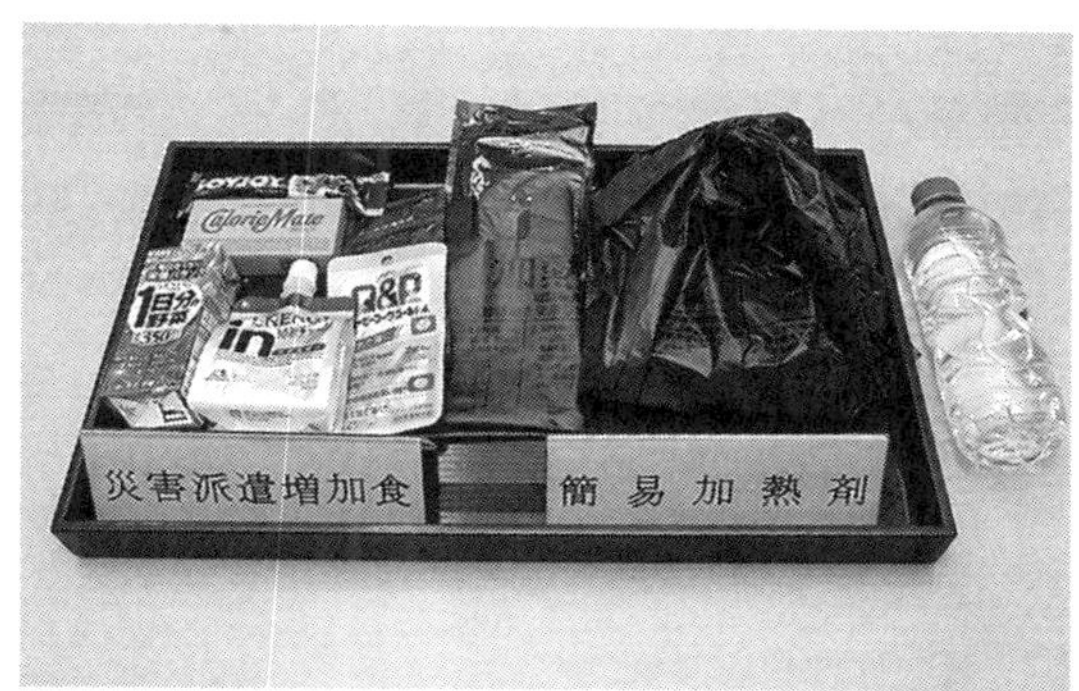

㊱「欲しがりません」では、この国を守れない　ⓒ小笠原理恵

㊲少なすぎる非常用糧食　ⓒ小笠原理恵

長距離移動で疲れた自衛隊員たちは、中継地にある営内の食堂を横目に見ながらレトルト携行食を食べることになる。レトルト携行食は野菜が足らず、被災地で下痢や腹痛を訴える隊員が多い。目の前に食堂があり、そこで他の隊員が通常食をとっていても、所属の違う隊員たちは事前に申し込みが

なければ食べることを許されない。

「被災地に到着すれば重労働が待っているのに、食事は高カロリーだけが売りのレトルト携行食。味付けが濃くて体に良くないだろうが、これしか食べさせてもらえない」と自衛隊員は仲間内でぼやいている。

自衛隊員の体調管理よりも、「極限まで糧食費を安く」することが重視されるのだ。被災地の人に温かい食事をふるまい、自分はレトルト携行食を食べる自衛隊員に賛辞が贈られたが、その陰では自衛隊員が下痢や腹痛に苦しんでいることを知っておいてほしい。

自己完結型糧食の崩壊

自衛隊は十年以上も人員が不足する状態が続いており、それは給養員(調理人)にも影響している。これまで自衛隊の食事のメニューは栄養士技官が献立(こんだて)を作り、それに基づいて自衛隊の給養員が食材の調達、衛生管理、調理作業をしていた。しかし、人員不足から給養員の確保が困難になり、調理を外部に業務委託せざるを得なくなっている。

「外注のほうがおいしいのでしょうか?」と現役陸上自衛隊員に訊いたところ、「業務請負契約で外注しているので、基準どおりの成果物(ごはん)が出てきますね。一定のクオリティは維持されます。外注業者はお金分の仕事はしっかりやってくれていますよ」との答えが返ってきた。

実際に人材が不足している自衛隊では、外注業者は頼りになるのだろう。しかし、有事に備える自衛隊は自己完結型の組織でなければならない。調理担当外注業者が、有事に危険を顧みず調理に来る保証はないし、強制徴用することもできない。有事には自衛隊員だけで材料調達から調理のすべてをこなさなければならないため、自己完結型の組織である必要があるのだ。

海上自衛隊の艦艇勤務の食事は原材料費が他の部隊よりも割り増しされており、自衛隊では珍しくおいしいと評価されている。費用と技術と設備があれば、自己完結型システムで自衛隊員が調理して、おいしいごはんを作ることができる。

自衛隊所属の隊員たちがすべて特別な存在であり、有事において民間では代用がきかないことを認識した上で、その糧食を提供する仕組みの重要性を改めて考えなければならない。

一番まずいのは防衛大学校

自衛隊の糧食問題で必ず問題視されるのが、防衛大学校の食事のクオリティだ。幹部自

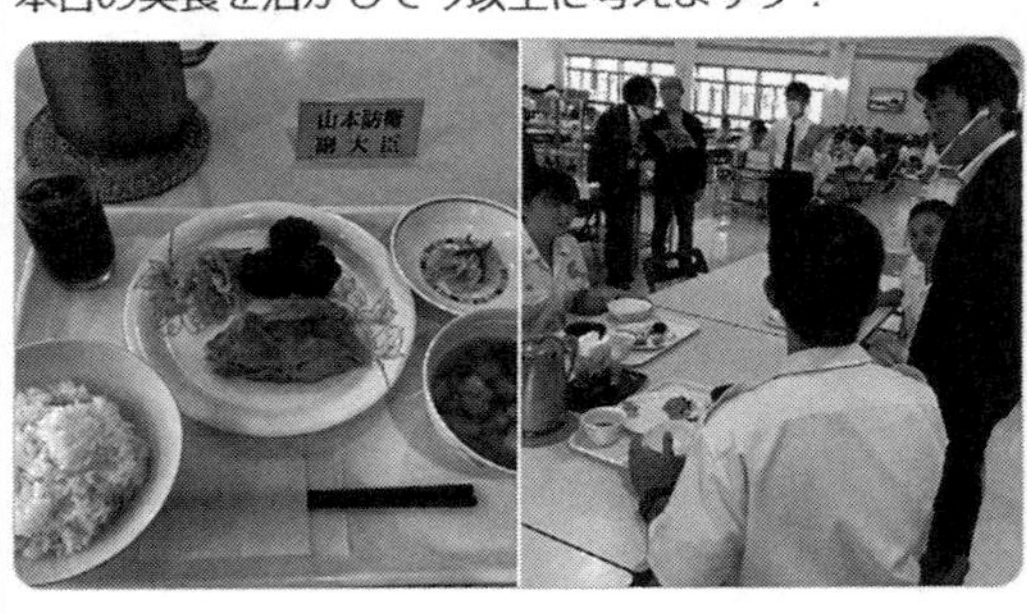

㊳その後、改善されたのか？

衛官を育てるための専門の教育機関である防衛大学校で、学生たちは自分が将来食べ続ける食事を知ることになる。

防衛大学校を卒業した幹部自衛官はこう証言する。

「防衛大学のごはんが自衛隊で一番まずいです。これはかなり前から問題になっているんですが、まだ改善されていません」

防衛大学校に通う娘を持つ父親もこう述べている。

「防衛大学ではごはんがガチガチに硬い部分と、どろっどろでべたべたの部分がある。上級生においしいところを出すので、下級生が食べる食事は最もひどいものになると娘が嘆（なげ）いていた。下級生には、とても食べられたものじゃないごはんが出されると」

二〇二〇年九月一日、当時の防衛副大臣だった山本ともひろ氏が防衛大学校の食堂を訪問し、次のように述べている㊳。

「お昼は、防衛大学校の食堂で、学生が食しているメニューを実食！若干、味が薄いように感じました。日々の課業や訓練に則した栄養バランスの取れた食事を防大生に提供するのが第一義的な目的ではありますが、学生が毎日、美味しくお腹一杯になってくれるように本日の実食を活かして今以上に考えますッ！」

防衛副大臣の実食なのだから、注意を払って特別にいい料理を出しているはずだが、それでも「おいしい」というコメントが出せず、「美味しく腹一杯になってくれるように考える」と決意する食事内容だったわけだ。調理機材と十分な給養員（調理人）の両方が足らず、材料費も極端に制限されれば、食事のクオリティは下がる。自衛隊ではどちらも十分ではない。

ではここで、二〇二三年一月一日の防衛大学校の献立を確認してみよう。

・朝食　カロリーメイト、長期保存餅（もち）、ＬＬ牛乳
・昼食　レンジ御飯、カップうどん、牛肉すき焼缶、ＬＬウーロン茶
・夕食　ＵＦＯ型焼きそば、フリーズドライ飯

正月はほとんどの学生が帰省している時期だが、研究等で大学に残る学生に市販弁当を配る程度の配慮はほしい。国を守るため、屈強な筋骨を育んでほしい若い幹部候補生がこのような粗食では、さぞかしつらいだろうと思う。

糧食費の約七割は個人負担

自衛隊の食事は、このように様々な問題を抱えているが、「自衛隊の食事は税金で賄われているのだから、限界までコストを安くするのは当然だ」という意見もある。

しかし、ここで興味深い事実がある。一九七〇年十二月九日、第六十四回国会・衆議院の内閣委員会の記録をみていただきたい。

「（自衛隊の糧食費は）本俸の計算をする場合に控除いたしております。したがいまして、毎月の給与そのものから申しますと、糧食費の約七割程度が個人負担で、約三割近くが国の負担ということで俸給表は作成されております」

こう述べたのは政府委員の江藤淳雄氏である。

自衛隊員は税金で無償喫食できると言われているが、遡って国会記録を確認すれば、本来もらえるはずだった給料から、先に食費が控除されているだけだ。つまり、食費分が自衛隊員の給料の俸給作成時に減額されているのだから、自分で食費の七割を払っていると言えるだろう。

先の委員会では「実際上は、隊員が隊内で食事をする負担が、給料の中からほとんど引かれているということになると思うのです。これは、隊員として必要なカロリーを供給しなければならぬですけれども、もしも自由にカロリーをとるとすれば、自分で好きなものが食えるわけですね。ところが、隊内では、献立をきめて、強制的ということばは悪いですけれども、そういった食事を与えられる。にもかかわらず、その費用を全額給料から差し引くというのは、私は、隊員のためを思って、これは長官ひとつお考えいただきたいと思うのですが、どうでしょうか」との発言が自民党代議士、加藤陽三氏からあった。

五十数年前から、この自衛隊の食事内容でこの給料ではかわいそうだという意見があったのだ。この経緯も知らず、「税金で食べさせてもらっているのだから、一つのパンでも多めに食べることを許してはならない！」と言うのは、どう考えてもおかしい。

糧食費は、本来もらえるはずだった自衛隊員の給料から事前に差し引かれた金額だったと知る人が増えれば、食事を多めに食べただけで懲戒という制度そのものが間違っているとわかるはずだ。

すべての自衛官は、俸給策定時に食事代金が差し引かれている。食費の七割が隊員の俸給からの控除で運用されているはずなのに、お腹いっぱいにごはんを食べることも、営外勤務者が許可なしに食堂で食事することもできないのは国による搾取だ。

こういう事実が広まることで、隊員へのイジメにも思える懲戒ラッシュが収まることを願っている。

営外勤務者は、これまで俸給から差し引かれた金額のなかから、自分が食事できなかった金額分の差額を国に返還請求してみてはどうだろうか。この制度がはたして妥当かどうか、司法判断が下されることを望む。

在日米軍との大いなる違い

在日米軍の食堂では、健康上の理由で食事指導を受けている場合を除き、ビュッフェ方式で食べたいものをほしいだけとることができる㊴。Tボーンステーキを皿にもりつけ、気に入った料理を山盛りにとることも自由だ。パンを多めにとったかどうかなど、誰も気にしない。食事のあとにはデザートも選ぶことができる。

感謝祭やクリスマスなどのイベントではチキンや七面鳥を焼いて、みんなで食べることもある。ジュースやドリンク類も自由にとれる。

所属外の場所でも食事をとる仕組みが確立されている。自分の食事チケットを使って、別の基地や有料のオフィサーズクラブでも食事は可能だ。有料クラブでは料金の差額を請求されるが、自衛隊のように懲戒にされることはない。

㊴自衛隊とは雲泥の差　©小笠原理恵

米軍では兵士に十分な栄養をとってもらうために、常に食事内容をチェックしている。米陸軍には菜食主義者用に、栄養価の高いビーガン料理を食べられる食堂さえある。

二〇二〇年の感謝祭一日で、米兵と家族のために、ダイニング施設に「九千羽の七面鳥、五万一千ポンドの七面鳥の丸焼き、七万四千ポンドの牛肉、二万一千ポンドのハム、六万七千ポンドのエビ、一万六千ポンドのサツマイモ、一万九千ポンドのパイとケーキ、七千ガロンのエッグノッグ」がDLA（国防兵站局）から発送されたそうだ。この壮大な食料が、米兵の明日のパワーを支える。

パン一つ、納豆一つを多めにとって兵士が懲戒になる国と、十分な栄養を提供するために感謝祭では兵士の家族にまで気を配る米国では、その身体能力の差は広がる一方だ。

一日の食費は受刑者よりちょっとマシ

先の大戦で、糧食の調達ができず飢餓で苦しんだ日本兵は、ガダルカナル島の戦いにアイスクリームマシンを持ち込んだ筋骨隆々としたアメリカ兵に敗戦した。

この飽食の時代に日本国は、お腹がすいてパンを多めにとった自衛隊員を処罰し、二食分六百三十四円の食事を申請なしで食べた罪で自衛隊員を懲戒処分にした。

かつて防衛大臣を務めた河野太郎氏は、二〇二一年十一月のブログにこう記している。

「自衛隊にとって、食事は重要です。健康や体力に直結するだけでなく、隊員の士気にも大いに影響します。

2018年度まで、自衛隊の陸上勤務員の1人一日あたりの糧食費の単価は874円でしたが、2019年から25円増額され、899円となりました。

現在（注：二〇二一年当時）、艦船乗組員は1050円、学生・生徒は975円です」

こんな格安コストで、栄養のある十分な食事ができるはずがない。歴史に学ばない国は亡びる。ちなみに、受刑者一人当たりの一日の食費は五百三十三・一七円だ。受刑者よりちょっとマシと言えるのかどうか……。

自衛隊では衣食住が無料だと信じる人も多いが、この食事内容や厳格な食事ルールでは、自衛隊に入隊しようと考えていた人も逃げ出してしまう。「自衛隊にお腹いっぱい栄養のあるものを食べさせてあげて！」とSNSで多くの人がコメントした。

お腹いっぱい食べたら懲戒を食らう、そんな非道をこれ以上、続けさせてはならない。

第八章　時代遅れの戦闘服

防弾チョッキ流出疑惑

私たちは被服にファッション性や着心地等を求めているが、自衛隊の被服はそういったニーズとは別次元だ。どれほど違うのか、この章では自衛隊の「衣」について論じたい。まず、自衛隊員の命を守る防弾チョッキについて心配な事案からご紹介する。

二〇二二年十二月、日本のネットオークションで自衛隊の防弾チョッキの一部、しかも最新型の実物と称した出品があった。それは「防弾プレート」のことで、ライフル銃弾の貫通を阻止する身体防護上、極めて重要なものだ。しかも、最新型の防弾チョッキ3型だった(40)。

現在、この出品は写真ごと削除されてしまっているが、最新型の防弾プレートは、まだ自衛隊内でもほとんどの隊員が見たことすらないものである。この事実は衝撃的だ。

さらに、二〇二三年一月には米国外では世界最大規模の在韓米軍基地のあるピョンテクの古着屋で、自衛隊の防寒服が販売されていた。

二〇二二年三月四日、日本政府はウクライナに対し、自衛隊の防弾チョッキやヘルメット、防寒服を無償提供。韓国の古着屋で売られていた防寒服は、防弾チョッキと同時に無償提供されたものと同じだと思われる。希少価値が高い取引は、販売者と顧客間で非公開取引されるのが普通だ。

防弾チョッキがオークションで公開出品されたとすれば、相当数が流出し、装備の性能が世界中に知りつくされたあとではないかと考えられる。そこにはロシア、中国、北朝鮮も含まれる。いったい、誰がどのルートで流出させたのか。

㊵防弾チョッキ3型　©小笠原理恵

防衛装備品の管理は、一般国民の想像よりもはるかに厳しい。すべての官給品は定期的に点検され、流出すれば防護力が解明されてしまう防弾プレートは、数はもちろん、すり替わっていないか材質まで徹底的に点検している。自衛隊内から、違法に防寒服や防弾チョッキを持ち出すことは難しい。すると、もう一つの不穏（ふおん）な可能性を疑うしかない。

武器輸出のリスク

武器輸出を認める「防衛装備移転三原則」で定める防衛装備品（防弾チョッキ等）について、政府はウクライナに対して異例の無償提供の判断を下した。防衛装備品の提供が禁じられる「紛争当事国」にウクライナは当たらない、と政府は判断したのだ。

さらに、ウクライナ政府と「防弾チョッキを目的外に使用することを禁止し、第三国に移転する場合には、我が国の事前同意を義務付けることにより、防弾チョッキのウクライナへの移転後の適正な管理を確保した上で実施すること」を国際約束として取り決めた。

国家間の約束はあれども、戦争中のウクライナでは、戦死者や捕虜から、あるいは輸送中に防弾チョッキが奪われることは避けられない。前線は常に混乱する。現場の管理能力も疑わしい。自衛隊の防衛装備品の情報が流出する懸念は当初からあった。

日本はこれまで、防衛装備品を輸出しない国だった。特に防弾関連の製品は自衛隊、警察、民生用品の区別なく輸出できないほど厳しく管理されてきた。それゆえ、日本の自衛隊と警察の防弾装備性能は全世界から強い関心を集めていたのである。ウクライナへの防弾チョッキの無償供与は、それを知る絶好の機会でもあったのだ。

日本政府はこのリスクに対し、「防弾チョッキについては、諸外国や民間の同様の装備品と同等の性能を有するものであるから問題はない」としていた。しかし、最新型のヘルメットと防弾チョッキが諸外国よりも性能面で劣る疑いが出てきてしまったのだ。

「弾が抜けてしまう」

二〇二二年六月十三日、フランスのビルパントで世界最大の国際防衛・安全保障展示会「ユーロサトリ2022」が、コロナ禍を経て四年ぶりに開催された。二〇一六年から同展示会の認定ジャーナリストである照井資規(てるいもとき)氏が、これを取材した。

照井氏は、陸上自衛隊富士学校では銃と防護装備、衛生学校では戦傷病の治療について研究をした元衛生科幹部であり、それぞれの翻訳や著作で知られる専門家だ。

ウクライナ国防省のブースがあったので、照井氏が「自衛隊から供与されたヘルメットと防弾チョッキはいかがですか?」と質問したところ、評価はあまり芳(かんば)しくなく、「弾(たま)が抜けてしまう」という回答が寄せられた。

当初、日本からの防弾チョッキやヘルメットがあまりにも軽いので、これが日本の技術

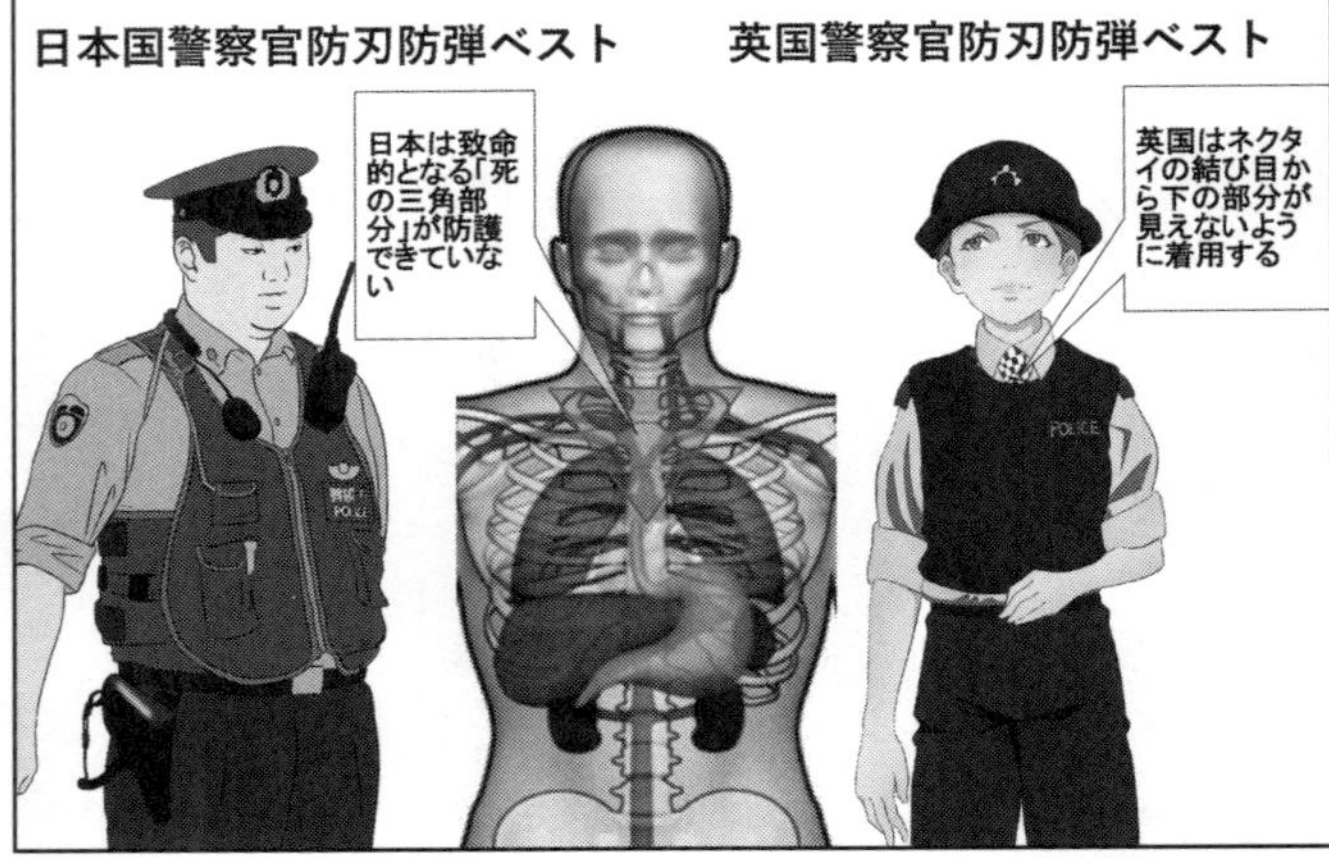

㊶　制作：照井資規（無断複製・転載禁止）

かと驚かれ、期待も大きかったそうだ。どこの国でも、防弾チョッキやヘルメットが納品されたならば、必ず銃で撃ってみる。ところが、この試射でどうやら弾が防弾チョッキを抜けたというのだ。

同時に供与されたヘルメット（88式鉄帽）は、耐破片効果があれば充分とされた。こちらは威力を落とした拳銃弾射撃で、十分な能力が認められたという。

日本がウクライナに防弾チョッキを送る際、管理について国際的な約束をしたが、もし、戦場の銃撃戦に耐えられない性能であれば、日本側も苦しい立場に立たされることだろう。これでは、流出してもウクライナ側だけに非があるとは言えない。

はたして、自衛隊の防弾チョッキの防護力がどのレベルなのか。ウクライナに供与した防弾チョッキの耐弾性能が自動小銃の弾丸を止められなければ、日本国内にもその問題は広く波及する。自衛隊のヘルメットと防弾チョッキと同様のものを警察の銃器対策部隊も採用しているからだ。

余談になるが、英国の警察官等の着る防刃防弾ベストは、軍隊と同様に「死の三角部分」と呼ばれる鎖骨のあたりまでしっかりと覆って防御する。しかし、自衛隊の防刃防弾ベストは「死の三角部分」が防御できていない。この部分を刺されたり撃たれたりすると止血もできず、救命が難しい㊶。

諸外国の軍関係者から疑問

諸外国の軍関係者が成田空港に降りると、この不適切な防刃防弾ベストを着た警察官に驚くようだ。

「なぜ、彼らは死のリスクの高い死の三角部分を守らないのか」

防弾チョッキが自動小銃の銃弾を止められなければ、テロリストの自動小銃射撃を警察は阻止できない。

自衛隊の防弾チョッキが流出し、防護能力が疑われた段階で、全世界のテロリストに日本の警察と自衛隊の防護力の不備が筒抜けとなった可能性が高い。

ウクライナは、一方的にロシアに軍事侵攻を受けた国だ。そのウクライナ支援は当然だが、防衛装備品支援には、米国のように最新型ではなくダウングレードしたものを送るべきだった。

米国の新型戦車M1エイブラムスは、砲塔正面の装甲や戦闘用のシステムが軍事機密であり、ウクライナ供与のために入れ替える準備をしている。そのため、二〇二三年一月に三十一輌の戦車の供与を決めたが、ウクライナに到着したのは八カ月後だった。

ところが、日本がウクライナに提供した防弾チョッキ3型は最新型である。本来ならば、防弾チョッキ2型など旧式モデルを提供すべきだったのだ。なぜ、日本は最新型を送ったのか。「諸外国や民間の同様の装備品と同等の性能を有する」ものが、「最新型しかなかったためでは？」との疑問が生じる。

これらの疑いを検証する最良の方法は、直接銃弾を撃ってテストするしかない。このままでは、自衛隊員や警察官が危険にさらされかねない。早急に対処してほしい。

このように、自衛隊員の「衣」は私たちが想像する以上に重要な機能を持つ。その一つひとつが重要な秘密であり、その機能の上に国を守る力が積みあげられている。銃弾や戦闘機も重要だが、この小さな防衛装備品もしっかりチェックしなくては国を守れない。

いまも「ビニロン」のまま

自衛隊の戦闘服は迷彩効果だけでなく、爆発物や可燃物を扱う隊員のために制電加工が施されている。私たちはガソリンスタンドで給油時に、静電気除去パッドに触れてから給油をする。可燃性の高いガソリンの近くでは、静電気を帯電しているだけで命取りとなるからだ。

ところが、自衛隊が採用する難燃繊維はいまも難燃性ビニロンのままである㊷。そのため、自衛隊の戦闘服は米軍の服と比べて破れやすく、繊維が摩耗しやすい。ナイロンの七倍の強度を持つコーデュラナイロン、ノーメックス繊維等、耐火性があり、摩擦に強い新素材が先進国では採用されている。実際の戦闘で改善を重ねた諸外国に、戦闘服の繊維の選定からして後れをとっているのだ。

爆発の衝撃が伝わると空気が圧縮され、燃えやすいものは火が出る。その時に袖まくりをして肌を晒していれば皮膚に火がつき、神経まで損傷する。優秀な繊維の被服が一枚あるだけで、損傷は軽減されるのだ。

難燃性繊維のなかには、火がついても瞬間的に炭になる繊維もある。この繊維でつくった戦闘服を着ていれば少なくとも燃え広がることはなく、最小の被害ですむ。繊維は進化している。戦場で自衛隊員の身体の損傷を軽微なものに留めるのは、戦闘服に採用された布一枚にかかっている。

㊷2008年製の迷彩服をいまも着ている
©小笠原理恵

自衛隊の迷彩服にも空挺用、機甲用など、高度な耐久性や難燃性が備わった戦闘服も存在する。作れないわけではないのだ。そこには、ただ経費の問題があるだけだ。

先進国の軍隊は高性能繊維の恩恵を享受している。いまのままの装備では、他国の兵士ならわずかな負傷ですむ攻撃でも、自衛隊員は重傷を負う可能性が高い。

これで国は自衛隊に戦ってくれと言うのだろうか。自衛隊員に出撃命令を出す総理は、隊員の命を預かる。「衣類や繊維」の選定が隊員の生死を分けるかもしれない。最良の戦闘服を部下に提供する指揮官でなければ、隊員は命を預けられないはずだ。

なぜボロを着続けるのか

諸外国と比べて、自衛隊の被服は数十年後れている。ビニロン採用の自衛隊戦闘服は耐久性が弱く、色落ちが激しい。耐久性が乏しいのだから、すぐに摩耗し破損する。すぐにボロボロになる繊維なのに、破損しても新品となかなか交換ができない。

匍匐前進などの動作を考えていただきたい。訓練をすれば、被服の損傷は避けられない。損傷個所が多い戦闘服を戦場で着用していれば、自衛隊員の死傷率が跳ね上がる。

ただでさえ、耐久性の低い戦闘服なのだから、戦場ではすぐに使い物にならなくなる。その時に備蓄を大量に持っていなければ、自衛隊員は何を着て戦うのか。弾薬量が足らないのも深刻な問題だが、自衛隊の被服が足りないことも深刻な問題だ。

ここで、裏地が透けるほどボロボロに着古した航空自衛隊の官給品の写真（㊸）を見ていただきたい。

この持ち主の現役自衛隊員は、「かれこれ七～八年着ています。これほど着古しても、まだ新品に更新されないのです。上司は自腹で戦闘服を買うなと言いますが、これでは買うしかありません」という。官給品に似た市販の戦闘服は上下セットで二万円はする上、耐久性はさらに落ちる。また、有事や災害派遣時に私物の迷彩服を着用していた場合、公務災害認定が下りないという。

しかし、それなら自衛隊は必要であれば即座に新品に交換しなくてはならない。物品の供給ができないのに補償をしないというのでは、とても災害派遣や出撃命令に従うことはできないだろう。

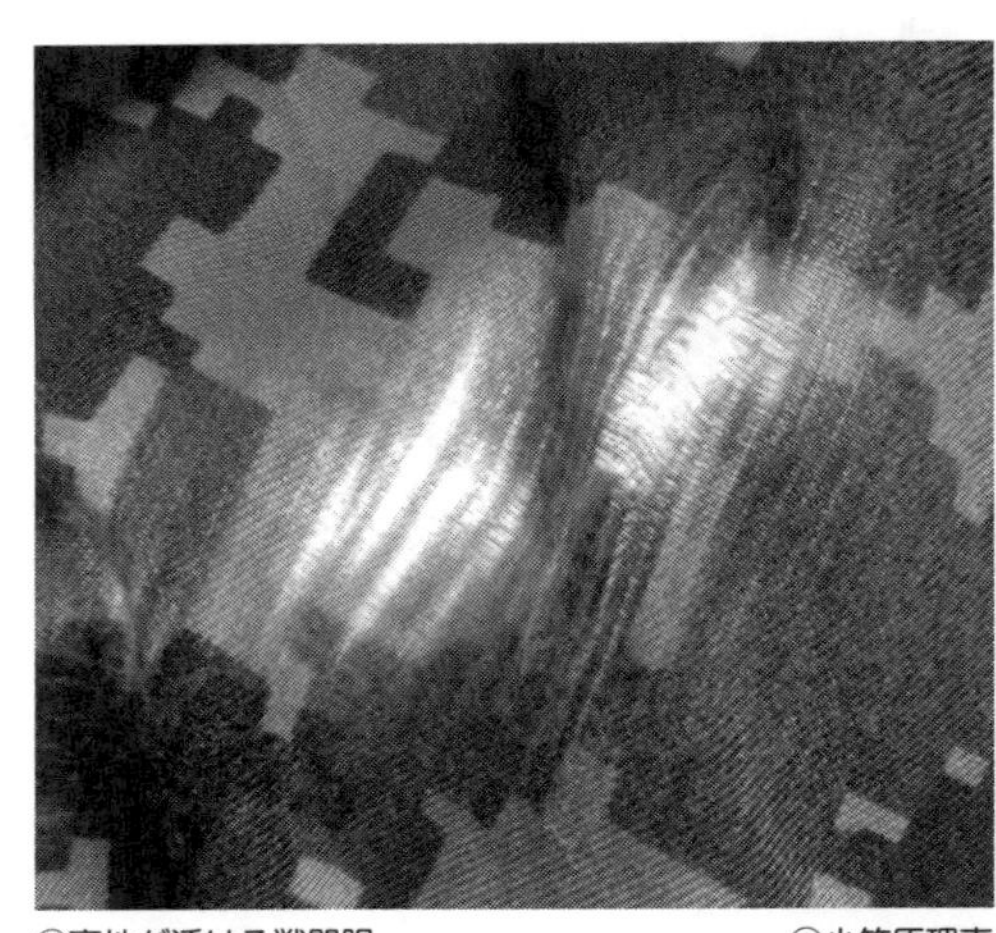

㊸裏地が透ける戦闘服　Ⓒ小笠原理恵

自腹で買ったブーツ

自衛隊では制服や戦闘服、作業着、靴、靴下、下着、帽子等の様々な衣類が供与される。

郵便はがき

63円切手を
お貼り
ください

1010003

東京都千代田区一ツ橋2-4-3
光文恒産ビル2F

(株)飛鳥新社　出版部　読者カード係行

フリガナ	性別　男・女
ご氏名	年齢　　歳
フリガナ	
ご住所〒 TEL　　（　　　）	
お買い上げの書籍タイトル	
ご職業　1.会社員　2.公務員　3.学生　4.自営業　5.教員　6.自由業 7.主婦　8.その他（　　　　）	
お買い上げのショップ名　　所在地	

★ご記入いただいた個人情報は、弊社出版物の資料目的以外で使用することはありません。

このたびは飛鳥新社の本をお購入いただきありがとうございます。

今後の出版物の参考にさせていただきますので、以下の質問にお答え下さい。ご協力よろしくお願いいたします。

■この本を最初に何でお知りになりましたか
1.新聞広告（　　　　　　新聞）
2.webサイトやSNSを見て（サイト名　　　　　　　　　　　　）
3.新聞・雑誌の紹介記事を読んで（紙・誌名　　　　　　　　　　）
4.TV・ラジオで　5.書店で実物を見て　6.知人にすすめられて
7.その他（　　　　　　　　　　　　　　　　　　　　　　　）

■この本をお買い求めになった動機は何ですか
1.テーマに興味があったので　2.タイトルに惹かれて
3.装丁・帯に惹かれて　4.著者に惹かれて
5.広告・書評に惹かれて　6.その他（　　　　　　　　　　　）

■本書へのご意見・ご感想をお聞かせ下さい

■いまあなたが興味を持たれているテーマや人物をお教え下さい

※あなたのご意見・ご感想を新聞・雑誌広告や小社ホームページ・SNS上で
1.掲載してもよい　2.掲載しては困る　3.匿名ならよい

ホームページURL https://www.asukashinsha.co.jp

その衣類は様々な特別な機能を持つものがある。下着や靴下まで配るのかと驚く人もいるだろうが、その下着には、赤外線暗視装置に反応しにくいIR迷彩加工が施されている(44)。おおむね一人二着しか配られないため、洗い替え用に隊員たちは自腹で官給品に似た私物を買う。

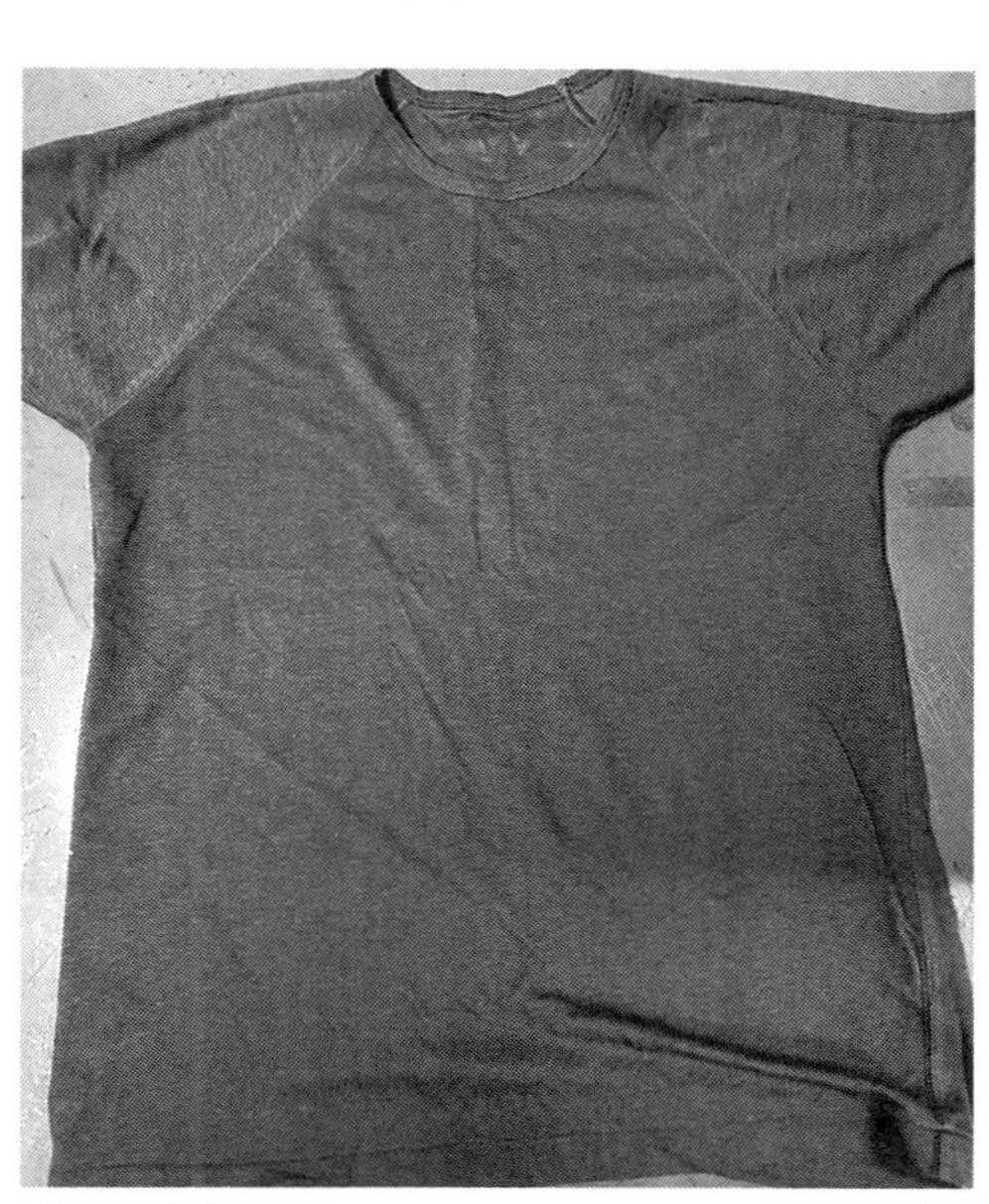

㊹陸上自衛隊の下衣　©小笠原理恵

平時から自衛隊の被服の交換ができないほど在庫数が少ないことは心配だ。戦時にはさらに損傷しやすくなる。平時に使う量の備蓄など瞬時に消える。また、有事には自衛隊に所属していない即応予備自衛官や予備自衛官にも戦闘服や下着、靴や防弾チョッキが必要だ。

予備自衛官には毎回、訓練時に自衛隊が戦闘服を貸し出しているはずだ。彼らが有事の招集を受けた場合、

㊺自腹で買った防水性能の高いブーツ　©小笠原理恵

何を着るのだろうか。まさか、ボロボロの古着で戦時下の基地警備をしろというのだろうか。

自衛隊が支給する官給品の靴にも問題がある。

「航空自衛隊には二種編上靴（安全靴）というブーツがあるのですが、災害派遣や訓練でぬかるみに入った際、防水性能が低く、踏み抜き防止板も入っていないため、非常に危険な仕様になっています。そこで私は個人的に六万円（現在はもっと値上がりしています）で、米国製のゴアテックス防水で踏み抜き防止対策済みのコンバットブーツを購入しました」

彼が自腹で買ったブーツが写真㊺だ。

「実際、このブーツを履いて災害派遣に行きましたが、泥濘地において最長で連続二十時間ほど活動した時も、いっさい足にダメージを受けることなく任務を完遂(かんすい)することができました。一方、官給品の二種編上靴を履いていた同僚は、縫い目からの浸水により足がひどく腫(は)れ、塹壕足(ざんごうあし)のようになっていました」

衝撃的な塹壕足

官給品(46)では災害派遣に耐えられないため、自腹購入は仕方ないのだ。自衛隊戦闘靴も内部はゴアテックスが貼られ、防水性はある。しかし、一般に販売されている高性能コンバットブーツに性能は劣る。

ある自衛隊員が、訓練後の塹壕足の写真をXに投稿した。白くふやけてぶくぶくになり、土踏まずは赤く腫れているように見える衝撃的な足裏写真に、数万人が「いいね」(このケースでは同情の意)を押した(47)。

塹壕足とは、長時間、冷水浸漬(しんせき)を受けると起きる凍傷に似た足の疾患だ。凍傷と違い、十六度ほどの水温でも十三時間程度水につけていれば発症する。水ぶくれ、発赤(ほっせき)、皮膚組織が死んではがれる潰瘍化(かいようか)の症状がある。

人の足は、長時間水につけておくとふやけてくる。最初はかゆみを感じるが、次第にし

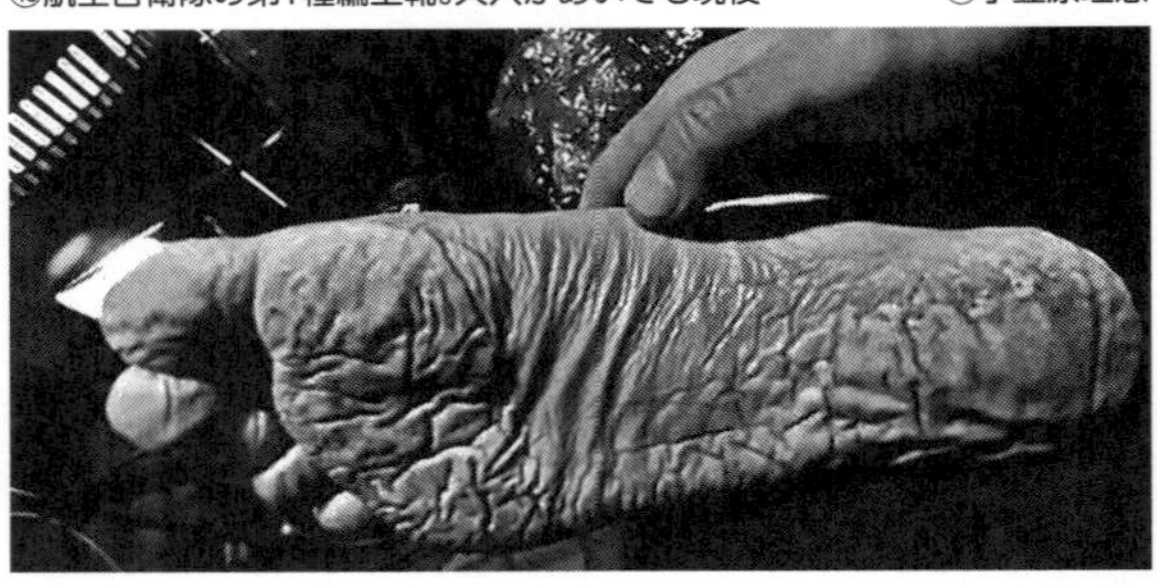

㊻航空自衛隊の第1種編上靴。大穴があいても現役……　©小笠原理恵

㊼衝撃すぎる足裏　©小笠原理恵

びれに変わり、時間がたつと痛みが出てくる。時には真菌(しんきん)の感染症も引き起こす。

　さらに長時間靴を脱げず、水に浸(ひた)したままになると重症化し毛細血管が破壊されて、周りの筋肉組織の損傷や壊疽(えそ)を起こし、足を切断しなければならない状態に至る。

　これが塹壕足という疾患であり、第一次世界大戦ではその仕組みが解明されておらず、大量の死者を出した。装備品の性能がいかに大事であるかがわかる事例の一つだろう。

自衛隊が身に着けるものの一つひとつがとても重要な機能を持ち、その機能が高ければ戦う兵士は重度の火傷（やけど）や疾患を避けることができる。

米軍では様々なコンバットブーツ、タクティカルブーツがあり、ブーツメーカーによって多種多様だ。踏み抜き防止のためには、鉄板入りの中敷きをオプションで入れる。靴底には、ビブラムソールという世界中の軍隊で採用されている高品質のソールが使われている。これで行軍時の疲労が軽減されるのだ。

自衛隊はほぼコンバットブーツ、または職種の違いによって同型改良版しか採用していない（空挺靴、戦車靴など）。つまり、開戦前からその装備品の機能やグレードと準備数で、日本はかなりの差をつけられているのだ。

同じ戦闘服を着る理由

「サラリーマンも他の公務員も制服はなく、通勤の洋服は自分で買う。なぜ、自衛隊の制服を国が支給するのか？　自衛隊も自分で好きな服を自分の金を出して買えばいいのに」とSNSで質問されたことがある。

自衛隊の戦闘服や靴、防弾チョッキなどの装備品は、一つひとつが重要な軍事情報を含んでいるものだ。そして、その機能がなくては紛争解決の軍事作戦ができない。そのため、国が自衛隊員全員に制服や装備品を支給する。

ウクライナのように、一方的に軍事侵攻を受けた時にその相手と戦うための資格（交戦者資格）が、国際法（ハーグ陸戦条約やジュネーブ条約等）で規定されている。戦争にもルールがある。戦争の法規および権利義務は、単に正規軍だけでなく、次の四条件を満たす民兵や義勇兵団にも適用される。交戦者資格は次の通り。

1 上官として責任者がいること
2 遠くからでもわかりやすい特殊徽章をつけること
3 武器を隠さず携帯すること
4 行動する際は戦争の法規と慣例を遵守すること

2 の遠くからでもわかりやすい特殊徽章をつけることのなかに、同じ戦闘服を着ることも含まれる。ルールを守っている交戦者は、捕虜になっても拷問や虐殺されることなく人道的な待遇を受けられる。

逆に、戦闘服を着ずに戦闘員であることを隠して戦えば「便衣兵」となる。国際法違反のだまし討ちをする「便衣兵」と誤解されれば、人道的な捕虜待遇は保障されない。

自衛隊は外国からの軍事侵攻時には正当な交戦者であり、責任者を置き、同じ制服を着て武器を隠さず、戦争法規を遵守しなくてはならない。

　それゆえ、国が全自衛隊員に同じ制服や戦闘服などを支給する。これは、福利厚生のためにではなく、国際法で正式な交戦者にするための義務だ。

　また、この制服や戦闘服を偽造されてしまうと、偽造制服を着た相手に部隊内に入り込まれるリスクがある。そもそも日本は、自衛隊を軍隊と認めていないことも問題となる可能性がある。国際法上の交戦者の要件は満たしていても、国内で「軍隊ではない」とされていることを理由に、人道的な待遇を受けられないことを憂慮しなければならない。

　二〇一八年三月、陸上自衛隊の平時制服のモデルチェンジが行われたが、いまだに全陸上自衛隊員に制服は行き届いていない。戦闘服ではないので戦場で問題視されることはないだろうが、制服を統一することで国際社会に正規の交戦者であることを示せるのである。

　日本はなぜ、自衛隊員の戦闘服にお金をかけ、自衛隊員の身体を保護し活動しやすくするための装備品の研究開発や調達、備蓄に力を注がないのだろう。それは、今日まで日米安保という米国の核の傘の下（もと）で胡坐（あぐら）をかき、自衛隊員を防護する装備品についてまともに向き合わなかった結果だ。

　日本は、繊維の選定や製造過程での耐弾性能のチェックといった作業に力を注ぐことなく、漫然と戦後を過ごしてきた。日本はGDP四位（二〇二三年にドイツに抜かれた）の先進国だが、自衛隊の装備品は旧式のままだ。装備品を直ちに見直さなければ、有事に間に合わない。

自衛隊員の命を蔑ろにすれば、その隊員が守る国民の命も蔑ろになる。高額の戦闘機や戦車を動かしているのは人だ。自衛隊は国を守る最後の砦である。自衛隊が倒れれば、もはや侵略者から国民を守る人はいない。そのことを肝に銘じて改善を始めなければ、迫りくる国難に対処できるはずがない。

第九章　この給料で国が守れるか！

十年以上も定員割れ

なぜ、自衛隊に人材が集まらないのだろうか。二〇二四年三月三十一日時点の防衛省の人員構成をみると、全自衛隊の充足率九〇・四%、なかでも自衛隊の現場の力となる士クラスの自衛官は六七・八%と、七割を割り込む事態だ。しかし、政府の危機感は非常に薄い。

自衛隊の人材不足は安全保障の根幹にかかわる問題のはずだが、抜本的な改善がなされないまま、十年以上も定員割れ状態が続いている。二〇二四年十一月八日、石破茂総理は「定員割れが続き、新規採用も半分ぐらいしか集まらないことを放置してよいとはまったく思わない」と述べ、必要な経費を来年度予算案に盛り込む考えを示したが、はたしてどこまでできるのか。

隣国の軍事的脅威は増す一方、日本の安全保障環境は危機的状況にある。近年、北朝鮮のミサイルが日本近海や上空を飛ぶ回数が増加。北朝鮮の軍事技術の進歩は凄まじく、迎撃困難な極超音速ミサイルも登場した。今後、七回目の核実験を行うことも予測され、さらなる警戒が必要だ。

ロシアと中国による脅威も増している。二〇二四年八月二十六日には長崎県沖の上空で中国軍機が、同年九月二十三日には北海道の礼文島付近でロシア軍機が領空侵犯をした。さらに台湾有事が目前に迫るなか、南西諸島、北海道周辺海域でも、ロシアと中国による軍事行動で緊張感が高まっている。

人員不足とは裏腹に、自衛隊に求められる役割や負担は激増している。人材が定着しないのは、その職務時間や内容に賃金や待遇がまったく合わないからだ。少なくとも米軍のような明らかな厚待遇と給料制度がなければ、志願制である自衛隊の、多忙に加え命の危険さえある仕事に人が集まることはない。

戦後最悪の安全保障環境にある日本を守るには、旧日本軍から続く兵士に対する冷遇体制を抜本的に見直す必要がある。

米軍兵士との圧倒的な差

志願制の軍人のなり手がいないのは、全世界共通の悩みだ。職務内容や求められる能力は変えられないが、その分を賃金や待遇、名誉などで補うのがスタンダードである。米軍の例を見てみよう（二〇二四年度）。

Airman Basic（空軍）、Private（陸軍・海兵隊）、Seaman Recruit（海軍）と呼ばれる「E1」二等兵クラスの基本給は、月額二千十七ドル（約三十万二千円※一ドル＝百五十円で計算）から始まる。

入隊後、三年ほどで「E3」（一等兵クラス）となり、月額二千三百七十七ドル（約三十五万六千円）となる。米軍では、ある一定期間に昇級しない兵士は自動的に除隊、能力のある兵士は優遇し大切に扱うのだ。

基本給だけではない。米陸軍は二〇二二年、六年間の勤務を約束する高度な技術をもつ新兵に最大五万ドル（七百五十万円）のサインオン・ボーナス（契約金）を出したが、二〇二三年度は海軍が特定の核関連の採用事に最大七万五千ドル（一千百二十五万円）の契約金額を発表した。さらに基地外で生活する兵士には住宅手当（ＢＡＨ）、生活費や制服支払い手当も加算され、そのほとんどが無税だ。

実戦の可能性が高い入隊希望者には、十分なペイでその勇気に敬意を示す。だが、二〇二二年度、米陸軍は採用目標人員から一万五千人不足した。何百万人の応募があっても、入隊を許可する人材がいないというのが米軍の悩みだ。

米国では社会的にも職業軍人の地位が高いが、敬意は言葉だけでなく具体的に報酬となって表れる。

もちろん、下士官よりも軍の将校の報酬はさらに高い。

就役(しゅうえき)したばかりの「O1」少尉クラスでも、月額四千八百十四ドル（約七十二万二千円）。最高位の海兵隊司令官ともなると、基本給だけで月額一万八千四百九十一ドル（約二百七十七万四千円）となる。

優秀な人材に十分な報酬を出す米軍では、ルールを破った軍人へのペナルティもわかりやすい。入隊直後の「E1」最低ランクに降格させることもある。また、不名誉除隊制度も存在する。

優秀な兵士に高い報酬で報(むく)い、軍の誇りを傷つけるような兵士は容赦なく切り捨てる。このわかりやすいペナルティとインセンティブボーナスで人材を活用するのは合理的だ。「世界一位の米軍と比較しても仕方ない。日本のできる範囲でやるしかない」という意見もある。

しかし、日本は中国、ロシア、北朝鮮と三つの敵対的核保有国に囲まれている。これらの国から我が国を守るためには少なくとも、米軍の軍事力を目指すくらいの強い意志がなくては、この安全保障リスクに備えられない。

現場自衛隊員の薄給

では、自衛隊員の待遇と賃金についてみてみよう。

自衛隊員などの公務員の基本給は、階級ごとに号俸（ごうほう）という賃金テーブルがある。民間では賃金は「基本給」＋「諸手当」だが、公務員は「俸給」＋「諸手当」となる。

自衛隊では任期制自衛官、一般曹候補生、幹部候補生、航空学生、防衛医大生等のどの区分で入隊するかでも、賃金枠のスタートが違う。給料ベースが最初から高い幹部自衛官等の充足率は高い。最大の問題は、三曹までの現場自衛隊員の危険でキツイ仕事に見合わない薄給にある。

ここでは、その問題の任期制自衛官と一般曹候補生という枠に絞って給料をみる。

二〇二四年四月一日から、任期制自衛官の自衛官候補生（入隊から約三カ月）の基本給は、月額十五万七千百円に引き上げられた。その後、二等陸・海・空士になると、月額十九万八千八百円（高卒）・二十万九千五百円（大卒）、一般曹候補生は初任給で月額十九万八千八百円（高卒）・二十万九千五百円（大卒）となった。

一般財団法人労務行政研究所の調査（二〇二四年度）によると、新入社員の初任給の水準は大卒二十三万九千七十八円、高卒十九万三千四百二十七円であり、高卒では民間企業をわずかに上回り、大卒では下回るという結果となった。

　自衛隊は命の危険もある職業だ。場合によっては、長期間にわたって家に帰れないことや家族と離れて暮らすことも多い。営内での集団生活を強いられるなど、自由も制限される。にもかかわらず、給料が民間企業と同程度、またはそれ以下では人が集まってくるわけがないではないか。防衛省は二〇二五年度から任期制自衛官が入隊時に受け取る一時金を二十二万一千円から五十万円に増やすことに決めたが、それでもまだまだ足りないと言わざるを得ない。

　これを読んだ人のなかには、自衛隊は公務員なのだから民間企業よりも福利厚生が充実している、それを考えれば賃金は妥当だろうと思っている人もいるかもしれない。

　結論から言うと、自衛隊の福利厚生、特に医療については壊滅的な状態だ。

自衛隊病院は本当に無料か

　有事に自衛隊員が負傷した場合、現行制度では自衛隊病院での治療以外は自衛隊員も三割の自己負担となる。

自衛隊には、戦時や有事の治療をするための自衛隊病院がある。もともと収益を考えてつくられた病院ではなかったが、収支状態が悪いと財務省が分析し、全国に十六あった自衛隊病院を統廃合した。

現在では、自衛隊病院は十病院と激減。台湾有事に負傷した自衛隊員を収容する能力が大幅に損なわれた。この自衛隊病院にも、自衛隊員の給料から徴収されたお金が投入されている――。

どういうことか。自衛隊員は私傷病でも無料診療を受けられる一方、俸給の一・六%が天引きされているのだ。「自衛隊員だけタダで自衛隊病院を使うなんて許せない」と言う人もいるが、利用料金のようなものが給料から天引きされているのだから、なんら批判されることはない。食費も官舎利用費も、自衛隊員の給料を決める前段階で事前に控除されている。ここでもまた、福利厚生の名目で自衛隊員が搾取されている現状がある。

さて、もし戦時負傷で障害を持つようになったらどうなるのだろう。

自衛隊員のためだけの労災制度はなく、訓練や職務中に死傷した場合の補償も一般の公務員と何ら変わらない。公務員災害補償制度（公務災害）によって、その損害を補償してもらうしかない。この公務災害認定手続きは複雑で、その障害等級認定等にも時間がかかる。戦時の医療保障は簡略・迅速が鉄則だが、まるで話にならない。

戦場で負傷した場合も、現行法では「公務遂行性」と「公務起因性」の二つの要件を満たすことを証明しなくてはならない。軍事侵攻を受けて拠点に爆撃があったために負傷しても、仮に就寝中の爆撃であれば公務遂行中と認められるかどうかは、書類を提出して待つしかない。

軍事侵攻中の拠点内や作戦行動中の隊員は、数カ月かかる公務災害手続きをすっ飛ばして、障害給付や特別援護金を出して十分な治療を受けられる体制が必要だ。

戦場で負傷しても、自費で病院にかからないといけない場合を想定して、せめてすぐにお金が受け取れるような制度にしてもらいたい。

単純ではない「賞恤金」

自衛隊の南スーダン派遣時に、賞恤金が一時的に最高支給額九千万円（二〇一六年十二月）にまで引き上げられたことを記憶している人もいるだろう。国連平和維持活動派遣時に、首都ジュバでクーデター未遂事件（二〇一三年十二月十五日）が起こったことがきっかけだ。

この南スーダンの危機的な状況に呼応して値上げしたこの賞恤金とは何なのか。

多くの人は、自衛隊員たちの身に何か起こった場合に、九千万円もの高額な補償がついていると驚いただろう。残念ながら、そう単純なものではない。

賞恤金とは、公務員が生命の危険を顧みずに職務を遂行し、殉職したり傷害を負ったりした場合で特に功労が認められたときに、その勇敢な行為をたたえ、弔慰または見舞いの意を表するため、本人または遺族に支給される金銭と規定されている。

「特に功労が認められたとき」に支払われる弔意・見舞金であり、いつでも支払われるわけではない。また、最高額支給は難しく、通常は数百万から一千万円程度の支給に収まる。最高支給額も、現在は六千万円に減額された。

さらに、死傷した自衛官家族が賞恤金を受け取るための手続きは困難を極める。公務災害と同様に、認定までに多数の書類手続きが必要で、認定されるには時間がかかる。

航空自衛隊の「特別弔慰金及び賞恤金の事務処理要領について」(通達)をみると、「事実証明書、現認証明書(現認者二名以上)、履歴書、功績調書、家族生活状況調査書、死亡診断書(死体検案書)、根拠命令等、死亡報告書……」と多数の証明書や調査書、功績調書が申請時点で必要となる。

また、公務災害補償金通知決定通知書が必要なので、まず公務災害が認められてからでなければ書類手続きを進めることができない。

平時なら、時間をかけて調査してもらい報告書を上げてもらえればいいのだろうが、有事の戦場でこれだけの書類を集めることはまず不可能に近い。書類手続きを有事に簡略化することができなければ、賞恤金は絵に画いた餅である。ではこれに代わる、別の戦時補償があるのだろうか。それはさらに絶望的だ。

一般の生命保険は有効か

一般市民と同様に、自衛隊員も一般の生命保険に入っている。しかしほとんどの生命保険の契約には、「地震や津波、噴火もしくは戦争・変乱による場合」の保険金や給付金の支払いについては約款で免責事項にあげている。

自衛隊員は戦場や内戦、革命や武装反乱のある場所に職務として派遣される場合がある。生命保険が補償しない危険な場所に国の命令で派遣される自衛隊員とその家族は、さぞかし不安だろう。

しかし、南スーダンに派遣されたときですら、自衛隊員を補償する制度はなかった。自

自衛隊等の固有危険補償特約付海外旅行傷害保険（PKO保険）

PKO（国連平和維持活動）等で海外に派遣される隊員専用の保険で、戦争、外国の武力行使、革命、政権奪取、内乱、武装反乱その他類似の事変または暴動の場合も補償されます。（幹事会社：三井住友海上、代理店：弘済企業）

保険金額等一覧表　　（4.4.11現在）

	セット	A（最高）	F（最低）	備考
保険金額	傷害死亡・後遺障害	10,000万円	3,000万円	A～Fまで6タイプのセットがあります。Fセット部分については共済組合が保険料を助成します。
	疾病死亡	3,000万円	3,000万円	
	傷害治療費用	1,000万円	700万円	
	疾病治療費用	1,000万円	700万円	
	救援者費用	500万円	500万円	
保険料（1カ月あたり）	1～12ヵ月目まで	15,610円	6,800円	保険料は期間中、給与から源泉控除されます。（Fセットを除く。）
	13ヵ月目から	11,690円	5,100円	

（注）保険の詳細はパンフレットをご覧いただくか、弘済企業担当者にお問い合わせください。

㊽自腹で保険に入るしかない

衛隊員は自腹で、家族のために民間の保険に入るしかなかったのだ。防衛省共済組合の冊子には、自衛隊等の固有危険補償特約付海外旅行傷害保険（ＰＫＯ保険）の案内がある（㊽）。

「戦争、外国の武力行使、革命、政権奪取、内乱、武装反乱その他類似の事変または暴動の場合も補償されます」と但し書きがある唯一の保険だ。他に頼るところはなく、国連平和維持活動や海賊対処に派遣される自衛隊員はこの保険に自腹で加入するしかない。

しかし、実際に軍事侵攻があったときに、この民間保険が自衛隊員全員を入れてくれるかはわからない。

ここまでの説明で、自衛隊はその職責・業務に対して給料が低く、福利厚生、補償も充実していないことがわかってもらえたかと思う。では、防衛出動や特殊業務に対して支払われる手当等はどうだろうか。

「危険手当」も米軍に完敗

二〇二三年二月二十八日、宮城県の廃棄物処理業者が、使用済み砲弾を廃棄処理中、砲弾が破裂した。幸いなことに、負傷者は出なかった。自衛隊が廃棄処分とした砲弾がなぜ破裂したかはわからないが、爆弾処理は常に危険をともなう。

自衛隊では、不発弾や爆発の虞（おそれ）のある物件の処理をする仕事がある。このなかでも、信管があり発火や爆発する可能性がある不発弾の運搬や爆破が最も危険だ。その仕事をする隊員の一日の手当が一万四百円。

火薬類の製造工程における火薬の検査も危険をともなう業務だが、こちらに至っては一日二百五十円。こんな手当を出すほうが恥ずかしくないのか、と感じるほどの少額手当だ。

サリンなどの毒ガスを取り扱うときの手当も、日額二百五十円から二千六百円。多量の放射線は人体に深刻なダメージを与えるが、「多量の放射線に被爆した者又は物件等に対する除染、応急手当その他応急措置に係る作業」で一日にもらえる手当も二千六百円だ。

自衛隊員の命を国がどれほど安く考えているのかを物語る数字だ(49)。

米陸軍の危険手当（Hazardous Duty Incentive Pay など数種類ある）は、放射線・爆発物

1.不発弾、爆発のおそれのある物件		金額（円）
①信管除去作業、発火する等著しく危険な不発弾等の運搬、爆破等	日額	10,400
②不発弾等の手掘、安全装置開放状態の不発弾の運搬、爆破等		5,200
③※不発弾等の捜索、発掘、掃海作業、鋭敏な弾爆薬類の整備等		750
④※不発弾等の運搬、焼却、爆破、弾爆薬類の整備等（上記以外）		560
⑤火薬類の製造工程における火薬の検査		250
⑥高圧ガスの製造、充てん等（行政職に限る。）		300
※作業が1日4時間未満の場合、60/100に減額、作業が日没〜日出までの場合、50/100を加算		
2.特殊危険物質取扱い（サリン等）		250〜2,600
3.除染その他の作業		
①多量の放射線に被爆した者又は物件等に対する除染、応急手当その他応急措置に係る作業		2,600
②前号に該当するに至らないものの、放射線物質の付着を除去するために行う除染に係る作業		920

【防給法14条から】

㊾端的に言って、少なすぎる！

などで区分けされてはいない。それぞれの部門で危険であると見なされた任務を割り当てられた米陸軍要員に、追加の補償を行う形式だ。Hazardous Duty Incentive Pay は、要員の基本給に定額（通常は基本給の二倍から五倍）を掛けた日額で支払われる。

たとえば、基本給で月額一千ドルを稼いでいる軍人には、その特定の状況に応じて、危険手当として二千〜五千ドルが支払われる。

自衛隊の二等陸士の高卒初任給（十九万八千八百円）で計算すると、一カ月で九十九万四千円が最大で支払われる。月三十一日として日割りにすると、一日あたり約三万二千円。自衛隊が最も危険な爆発物処理に出す一万四百円の三倍以上の金額である。やはり、これくらいの手当はほしいところだ。

自衛隊でも、防衛出動時には特別手当を出すことが決められている。しかし、その金額は未定だ。

米軍は様々な危険手当がすでに決まっている。自衛隊が職業軍人である以上、その対価を明確に提示してほしい。防衛出動時に手当も死傷時の補償もはっきりしないというのでは、無責任すぎる。

自分の身に何かあったとしても、家族が不自由なく生活できる補償なしには、自衛隊員は戦場に赴く（おもむ）ことはできないはずだ。防衛出動手当すら決められないまま自衛隊に出撃命令を出す国であってはならない。

退職後にも大きな落とし穴

最後に、国防に身を捧げてくれた自衛隊員の退職後の生活について書いておく。

自衛隊は国が退職金積み立てをしてくれるのではなく、隊員の賃金から掛け金が引かれる。実は、この退職金は老後の積み立てというような福利厚生の一環ではない。長期にわたって国に奉職したご褒美といった傾向が強い。

そのため、「国家公務員退職手当法第十二条」に定められているように、懲戒免職処分を受けた隊員は退職金を全額、または一部を支給されない可能性がある。

自衛隊には、任期制自衛官という途中退職をすることが前提の職種もある。この場合は、任期が終われば約束した退職金（任期満了金）をもらえる。しかし、任期制自衛官で入隊したものの途中で自衛隊に残ることを選択して、三曹に昇任する前に任期満了金を受け取ると、その一部を数年にわたり月々、返済することになる。

自衛官の退職年齢は五十代半ばと早い。年金がもらえるまでには時間があるため、若年給付金（早期に定年退職することによる所得上の不利益を軽減する目的で支給される制度）は二回に分けて支払われる。

その金額は階級と年齢によって変わり、およそ一千万円～一千三百万円となる。このお金ではとうてい年金受給年齢まで生活できないので、多くの自衛隊員は五十代で再就職先を探す。

実は、この再就職に大きな落とし穴がある。

この若年給付金の一回目は確実にいったん支払われるが、二回目は「退職翌年の所得額」によって決まる。退職した翌年の一月から十二月までの所得額が下限額を超えてしまえば、二回目の支給額が減額される。さらに上限額を超えると、すでにもらった一回目の支給額にもさかのぼって返納しろと言われるのだ。

要するに、若年給付金は退職後の収入がよければ減額され、さらに収入が増えれば返納させられるという枷（かせ）があるのだ。自衛隊員が退職後にどれだけ収入を得ようが国には関係ないだろうと思うのだが、国は退職した自衛隊員に、ある一定枠以上稼ぐなと言っているようにも見える。

この若年給付金制度も、自衛隊員の人権にかかわる大問題である。

自衛隊員も含めて、公務員の退職金はここ十年で減額に次ぐ減額だ。労働組合をもたない自衛隊員は、前述の通りひどい扱いを受けている。自衛隊員ほど簡単に賃下げされる職種はない。

東日本大震災で十万人以上の自衛隊員が動員され、泥水や瓦礫（がれき）で身をすり減らしながら多くの人を救助した。その自衛隊員に、当時の民主党政権は給料七・八％カット（二年間）を言い渡した——。

自衛隊員を冷遇すれば、国を守る人材がいなくなるのは自明の理だ。

第十章　災害派遣経費も自腹

能登半島地震に延べ百十四万人

二〇二四年一月一日十六時十分、マグニチュード七・六の直下型地震が発生、石川県志賀町では震度七を計測。その後も最大震度五弱以上の地震が発生し、津波による家屋流出などの被害も起きた。

この能登半島地震で能越自動車道や、のと里山海道などで、道路の損壊や土砂崩れが発生した。損壊で通れない道があれば、使える道に車両は集中する。発災直後に石川県の馳浩知事は岸田文雄総理らに連絡を取り、首相官邸に移動、自衛隊への災害派遣要請を行った。

自衛隊は八カ月間で隊員延べ百十四万人を動員し、人命救助活動や道路の啓開作業、被災者の食事や入浴支援、輸送艦を使っての重機輸送などを行った。

被災地であらゆる状況に対応できる自衛隊は救援活動・救難物資輸送の要だ。ライフラインが途絶し、孤立した集落にも燃料や食料等、救援物資を徒歩搬送で届けることができる。

被災地で活躍する自衛隊に多くの国民が感謝している。しかし、それとは裏腹に自衛隊の募集は低迷し、中途退職者が増加、深刻な人材不足が問題となっている。なぜ自衛隊から人が離れていくのか。この要因はいくつもある。

この章では、災害派遣で自衛隊員が抱える事情を考えていきたい。

非常呼集時の帰隊費用の苦悩

自衛隊の任務は多岐(たき)にわたる。日々の訓練や警戒行動だけでなく地域からの要請にも出動する。要請は災害派遣以外にも、ワクチン接種、鳥インフルエンザへの防疫処置、城壁やため池の清掃等、多様な地域の要請を受けている。若年隊員が不足し高齢化が進む一方で任務が増加しているのが現状だ。

そういった不測の事態に備える自衛隊員の休暇は貴重だ。正月休みやお盆休みは家族と過ごせる特別な休暇期間である。その貴重な元日であっても非常呼集があれば、休みを切り上げて航空機や深夜バス、時にはタクシーを使って慌てて帰隊する。

この交通費は隊員の個人負担だ。

JRや航空機の往復券を買っていた隊員は多額の負担を強(し)いられることとなった。SNS上には苦しい胸の内を明かす隊員や家族がいる。

「そう、帰っていきました。三日なので、普段の二倍のバス代。四日なら、半額だったのに！」

「ギリギリまで勤務して、北海道に帰省した次の日（一月二日）に飛行機で職場に帰った子の旅費が出ないことが、本当に不憫なのでこの問題は本当にどうにかしてほしい」

自衛隊では実家への帰省は個人の都合で帰っているだけで、自衛隊としては、「休暇中に帰省するのは許可するけど、何かあったときは自腹で帰ってきてねというスタンスです」と自衛隊幹部は言う。

仕事の都合で呼び戻されるのだから職場が経費を負担するのが当たり前ではないかと一般の人は考える。だが、自衛隊では災害派遣活動中でも自腹負担が多数みられる。隊員に負担を強いる組織の冷たさが、中途退職者が増加し続ける要因のひとつだ。

ヘッドライトもポケットマネー

防衛省は能登半島地震の活動報告をXに投稿している。大きく損壊した建物や被災者の情報を収集する自衛隊員の写真を見ると、ヘルメットにヘッドライトを取り付けている自衛隊員の姿が散見される。いくつかの写真を見比べると取り付けているヘッドライトの種類が違うことに気づくはずだ。なぜか。自衛隊員が自費で購入しているからである。

自衛隊にも官給品の懐中電灯がある。(51)の写真のようなL字型の豆電球タイプの官給品がわずかに配備されているが、全員分はない。さらに、豆電球は消費電力が多く、薄暗い。したがって、現在の主流は長寿命で発光効率が良いLEDタイプの懐中電灯だ。

能登半島に限らず、被災地では電気の供給が途絶える。あたりは漆黒の闇だ。瓦礫のなかから被災者を探すような作業には光が欠かせない。

(50)陸上自衛隊第10師団Xより

(51)官給品のヘッドライト　ⓒ小笠原理恵

だが、官給品の懐中電灯は手に持たないといけない。両手がふさがれては作業にならないため、自衛隊員たちは仕方なく自分でヘッドライトを買って装備する。私物に使う電池代もその持ち主である個人の負担になる。毎日のように夜通しこのヘッドライトを使うため、その負担は少なくない。

自衛隊員のポケットマネーで助けてもらっていることを皆さんは知っていただろうか。

話題になった破れた手袋

東日本大震災時に破れた手袋のまま作業をしている自衛隊員の写真が話題になった(52)。手袋は官給品でも貸与扱いなので、返却しなくてはならない。作業中に貸与された手袋が破損や紛失するとルール上は、報告書を書いて物品が来るまで待つ必要がある。

破損や紛失が故意や重大な過失の場合は、減価償却された貸与分を賠償することになっている。重大過失による賠償事例は多くはないが、手袋ひとつでも規則にがんじがらめだ。被災現場は瓦礫の散乱する危険な場所。折れた木材や金属片があり官給品の手袋では容易に破れてしまう。また、破損した時の手続きも面倒臭い。それゆえ、自腹で私物購入する隊員が後を絶たないのだ。

この事実を知って、「災害派遣現場での手袋を消耗品と考えて、破れたらすぐ交換できないのか？」と自衛隊員の待遇改善に熱心な和田政宗参議院議員に相談したところ、「能登半島地震について、手袋は十分な量を確保、投入しており、破れた場合はすぐに交換する。防寒対策についてもしっかりやるよう現場に伝達する」と防衛省関係者から回答を得た。

和田政宗議員は言う。

「東日本大震災の自衛隊を見ていますか

⑫海外でも話題に　（写真提供／AFP）

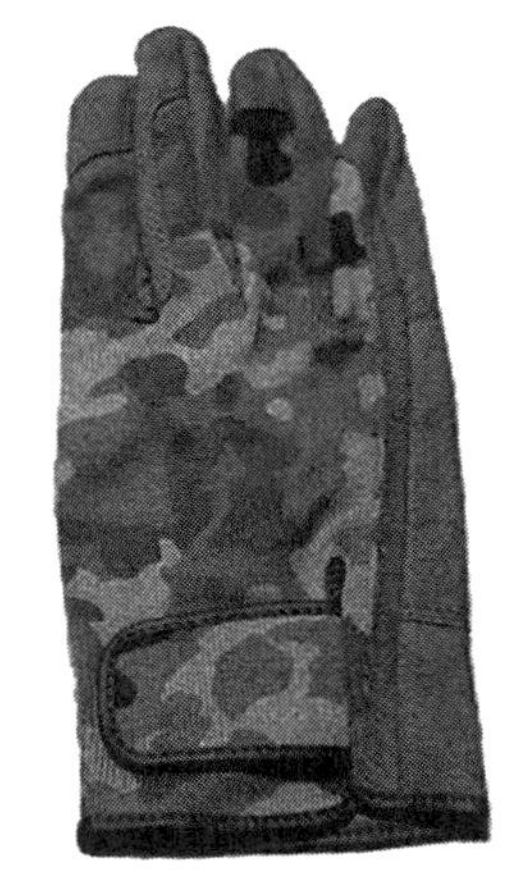

⑬自衛隊の官給品の手袋　©小笠原理恵

ら、防寒対策は特に重要と考えています。現場で凍えたりする自衛隊がいてはなりません」

自衛隊が報われるようにと考える国会議員はわずかながら存在する。自衛隊員に敬意を払ってくれる保守系の議員の数が増えてほしいと願う。

災害時の手当は自衛隊の場合、日額一千六百二十円、作業が著しく困難な場合は日額三千二百四十円。これは国家公務員の災害派遣手当（日額一千八十円、作業が著しく危険な場合は日額二千百六十円）と比べて少し金額は多いが、自衛隊はそもそも残業手当も休日手当もない。

河野太郎元防衛大臣が二〇一九年十一月十二日のブログで「自衛隊の災害派遣等手当は他と比べて遜色ありません」と書いているが、作業内容、残業手当等も含めて比較すると、やはり少ないと言わざるを得ない。組織から大切に扱われていないと感じると人は離れていく。自衛隊の待遇改善も防衛力強化のひとつであることをもっと強く認識すべきだ。

自衛隊員は「機械」ではない

災害派遣は「緊急性・公共性・非代替性（自衛隊以外に不可能な仕事）」の三要素が必要だ

が、高速道路の雪かきや家畜伝染病への対処などは「非代替性」ではないはずだ。にもかかわらず、頻繁に要請されている。自衛隊の仕事は増える一方だが、二〇一三年から災害派遣要請があれば二十四時間出動可能とするための外出規制を追加した。災害派遣初動部隊を陸上自衛隊では「FAST-Force」（即動待機）と呼び、営内者の外出制限を「残留」と呼ぶ。「残留」はファストフォース人員が即座に行動できるよう、荷物の積み込みなどを行う。いわば、準備待機要員のことだ。部隊の規模によるが、師団規模ではファストフォースは百名くらいになる。

これを人手不足の自衛隊で回すには、休日返上で働き続ける長時間労働しかない。自衛隊には労働基準法が適用されないため、どんな過酷な勤務状況でも違法とはならない。能登での作業を終え八時間かけて基地へ戻り三、四時間の睡眠後、直ちにまた現場に向かう隊員もいたという。

自衛隊員には誠実で真面目な人も多いため、体の限界を気にせず職務を行う人も多い。結果としてそれが心身の故障となり、自衛隊をやめる原因にもなっているのだが……。自衛隊のこうした気概には感謝するしかないが、限界を超えて無理をしてしまっては、自衛隊の本来の仕事である国防の任につく前にすり減ってしまう。これは何としても止めたい。

彼らは休みなく動き続ける機械ではないのだ。

休み返上で働く彼らの代休は蓄積されるが、代休取得が許可制なので簡単に休むことが許されない。

「あとから代休をとってゆっくりすごせばいい」とSNSでコメントをもらったが、一般人と同様に「今日は休みます」のメール一本で代休がとれるなら、自衛隊員の中途退職は止まるだろう。だが、人員不足で交代要員のいない自衛隊ではそんなことはできない。もちろん、自衛隊は大きな組織だから、比較的余裕があり気楽に代休取得ができるセクションもあるだろう。しかし、重要な職域や幹部自衛官は過酷な長時間労働を強いられる。

どれほどの過酷な長時間労働が自衛隊で行われているのか。特に過酷な職域の隊員（Aさん）の勤務割出表をここで紹介しよう。

連続で七十二時間も拘束

二〇二三年のある月の勤務割出表にはこう書かれている。

・一日㈫　日（日勤＝8時15分から17時）
・二日㈬　日（日勤＝8時15分から17時）

・三日㈭　1（一直＝8時15分から24時）
・四日㈮　2／1（二直＝0時から8時15分の後に一直。つまり、0時から24時）
・五日㈯　2／1（0時から24時）
・六日㈰　2（二直＝0時から8時15分）
・七日㈪と八日㈫は休み

このシフトを額面通りに受け取ると、連続で七十二時間も拘束していることになる。「業務内容」の欄には一直で二時間、二直は四時間の仮眠をとる旨が記載されているが、人はそんなに都合よく短い睡眠をとることなどできない。仮に睡眠時間をフルでとれても、四日㈮などは六時間だ。この職務は指定時間に目を離すことができない職種なので勤務中は気を抜けない。

このシフトが毎週組み込まれる。Aさんはこの月だけでも四回、この勤務をこなすよう命じられている。Bさんのシフトを見ても、同様の七十二時間拘束が月三回あった。過酷な労働環境が続くため、この職務では、途中退職や心身に故障をきたす隊員が多い。実際にこの職務に従事する隊員の一人は「反復性うつ病」と診断されており、周囲が心配してこの職務から外してほしいと懇願している。しかし、代わりがいないため異動は難しいという。自衛隊員に自殺者が多いのは、このような長時間労働が原因ではないか。

防衛省は「七十二時間拘束が月四回ある勤務実態」について、「一例に示された勤務形態が存在するのか現時点で把握しておりません」と述べている。上層部に把握されない状態で、このような勤務状況が現場で命じられているのだとしたら自衛隊の闇は深い。

第十一章　地獄すぎるトラック荷台輸送

なぜバスを使わないのか

二〇一四年八月五日、東北自動車道で陸上自衛隊の大型トラックが横転し、乗っていた二十二人（うち二十人が荷台に乗っていた）がけがをしたという事故があった(54)。トラックの荷台になぜ二十人もの人が乗車していたのか。不思議に思わないだろうか。

事故はもちろんこの一件だけではない。

二〇二三年十一月二十五日午前九時二十四分頃、岩手県奥州市（おうしゅう）の東北自動車道で陸上自衛隊の大型トラック二台の追突事故が発生した。この事故で八人の隊員が自衛隊の車両で岩手県内の病院に運ばれたがいずれも軽傷。事故当時、後方の車両には隊員が二十五人も荷台で輸送されていた。

一般的に道交法ではトラックの荷台に人を乗せるのは、荷物を看守する目的で警察署長の許可がある場合しか許されていない。許可された場合でも必要最低限の人員しか認められない。この事故のようにトラックの荷台に二十五人もの人が乗せられていることはない。

警察や自衛隊など道路交通法適用除外の特別な職種だけが、多数の人員をトラックの荷台で輸送することが認められている。しかし、予算が潤沢にある警察は昭和後期頃にすでに冷暖房付きのバス輸送に切り替えた。受刑者や拘留中の未決囚を裁判所に送致する場合、人権に配慮したバスを使う。予算がなく、文句を言わない自衛隊員だけがいまもトラックの荷台で輸送されている。

⑭単独事故で横転　（写真提供／共同通信社）

　自衛隊では職場の安全配慮義務も適用除外だから、トラック荷台輸送の事故が頻発しても、隊員を保護するシートベルトやエアバッグ等を荷台に置くことはない。トラック事故にあった隊員たちも事故の衝撃から自分を守るすべはなかったはずだ。

　安全装置のない状態でトラックが横転するような激しい衝突があれば、ホロを突き破って人体は路上に投げ出される。トラック荷台には隊員だけでなく重機や装備品が積まれていることもある。横転すればそれが隊員にぶつかり、人命が失われる重大事故になるリス

⑸5トラック荷台輸送で運ばれる自衛隊員　©小笠原理恵

クは常にある。

　人員輸送に法律で義務づけられているシートベルト等の配慮が一切ないのだから、隊員たちの命は軽視されていると言わざるを得ない。自衛隊にバスがまったくないわけではない。各師団に小さなバスが二台ほどあるが、隊員数には十分でないためトラック輸送となるだけだ。

　在日米軍は野外訓練でも観光バスや航空機を使う。自衛隊員は健康診断やワクチンを市街地で接種するときも、バスがない拠点ではトラックで運ばれる。悪路でもトラックだ。

トラックでの事故と労災

自衛隊のトラックはホロがかけられているが、背もたれもなく少し背中をもたれかければそのまま路上に落ちるリスクがある。訓練の輸送で実際にトラックから落下した経験がある元隊員に話を聞いた。

「自衛隊の半長靴は電気の通電も防ぎ、泥濘地でも泥の侵入を防いでくれますが、靴底が滑りやすく、私はこの靴でトラックの荷台から転落し肋骨を三本折って救急車で運ばれました」

この隊員をさらに驚かせたのは、骨折療養のため病院にいたところ上司が駆け込んできて放った言葉だ。

「よかった！　〇〇君の骨折事故は労災適用されないぞ！」

労災となると上司の評価が下がる。だから、うれしいのだろうが、骨折したその隊員に対してそれをわざわざ告げにきたのだ。

この隊員はその後、自衛隊を退職しているが、これでは致し方ないとしか言えない。

上司はその職務中に怪我をした隊員に対して、手厚く面倒をみるという感覚がないのだろうが、国民を守るために命まで懸ける隊員に対して、業務中の怪我で労災が下りないことは大問題だ。大喜びで告げにくるのではなく、隊員のために再交渉するのが筋だろう。

自衛隊員の職業病

自衛隊のトラックの荷台はそもそも人員輸送に適していない。

㊻の写真のようにトラックの荷台には、硬い板のベンチと僅(わず)かな背板があるのみだ。このクッションもない板張りでは車両の振動が隊員の足腰に激しい負担となる。自衛隊では古毛布等を敷いて座ったり、積まれている荷物の上に寝そべったりして振動に耐えるそうだ。

長時間のトラック輸送が、自衛隊員の職業病である「痔(ぢ)」や「坐骨神経痛(ざこつしんけいつう)」「ヘルニア」等の原因となっている。椎間板(ついかんばん)ヘルニアになると、同じ姿勢を維持するのがつらく、立つのも座るのもキツい。少し歩くと腰が痛くなったり、激痛が走ったりする。

自衛隊員は健康であるだけでなく、卓越した身体能力を磨いてもらいたい。戦争をしているわけでもないのに、ただ、バスがないという理由だけで、体力を消耗させていいのか。バスを使う予算をケチって自衛隊員の健康を損なえば、代わりに誰がこの国を守ってくれるのだろうか。

自衛隊ではこのような一般隊員を輸送する費用を「運搬費」として計上している。高級幹部は公共の交通機関を使うことがあるが、そちらは「旅費」だ。一般隊員の扱いが「運搬費」であることについて、自衛隊幹部は「昔からの呼び名で特に問題とは考えていない」と言っているが、トラック荷台輸送という方法も含めてそれが問題ではないという認識を持つことが異常ではないか。

㊱走行中に落下するリスクも　ⓒ小笠原理恵

トラック荷台輸送は、夏は熱中症、冬は低体温症や凍瘡（とうそう）になるリスクが高い。

トラック輸送を経験した予備自衛官はこう語る。

「数年前、予備自衛官の射撃訓練の時に、仙台から山形の東根（ひがしね）射場というところに行きました。真冬に暖房のないトラックの荷台に乗せられたまま峠（とうげ）を越えたので、メチャクチャ寒かったです。凍傷にはならなかったものの風邪をひきました」

(57)ヘトヘトで本当に戦えるのか　©小笠原理恵

トラックの荷台に乗車する隊員は空調がないため、熱中症や低体温症になるリスクを抱えているのだ。

「でも、戦争にいくのだからトラックの荷台に乗ることに慣れてないと困るでしょう?」と言う人がいる。古い戦争映画で兵士たちがトラック輸送されているのを見たのだろうが、トラック輸送で銃撃を受けたらなかの人間はハチの巣になる。

現在の先進国では兵士は万全な状態で前線に運ばれる。戦場で装甲車がなく、他に方法のないとき以外、トラック輸送はしない。米軍は有事の派兵中でも比較的安全な後方移動はチャーターバスを使う。有事の際は常に劣悪な環境に置かれるのだから、平時にはできる限り消耗のない輸送を心掛けるべきだと米軍は考えている(58)。「訓練された軍人」こそが、最も価値が高く重要だと認識しているからだ。

先進国の軍隊は銃撃や地雷や徹甲弾（てっこうだん）でも耐える装甲や熱中症等を防ぐための冷暖房完備の装甲兵員輸送車が採用されている。銃撃を受ければ全滅するトラック荷台輸送は徹底的に排除されているのが現状だ。

中国やインドでも冷房付き装甲兵員輸送車を採用している。

日本と先進国の軍人の扱いに対する認識の違いはかなり大きい。

(58)バスで移動する米軍　©小笠原理恵

第十二章　海上自衛隊基地に弾薬がない

神戸市で見つかった驚きの文書

二〇二三年十二月二十七日、しんぶん赤旗は「弾薬庫新設　全国14カ所　24年度予算案に222億円　戦場化の恐れ拡大」という記事を掲載した。

記事では、弾薬庫建設予定地の陸上自衛隊沖縄訓練場（五棟）、奄美大島（あまみおおしま）の瀬戸内分屯地（三棟）などの名を挙げ、弾薬庫建設で「全国が戦場化する」と批判している。

しかし、ウクライナを見ていただきたい。迎撃できる街はいいが、ミサイル攻撃になす術（すべ）もない街の住居や病院、教会は攻撃にさらされた。ブチャでは住民の大虐殺もあった。守ってくれる部隊や弾薬がなければどうなるか、一目瞭然だろう。

二〇一五年、安保法制反対デモを主導した「ＳＥＡＬＤｓ（シールズ）」のメンバーの一人は、国会前でこう叫んだ。

「抑止力なんて必要ない。絆（きずな）が抑止力なんだって証明してやります」

「アジアの玄関口に住む僕が、韓国人や中国人と話して、遊んで、酒を飲み交（か）わし、もっともっと仲良くなってやります」

志（こころざし）は立派だが、抑止力の何たるかをまったく理解できていない。抑止力とは「相手に攻撃が無意味だと思わせる軍事力の役割」である。だが、抑止力の要(かなめ)である自衛隊の手足を縛りたいと考えたのは、何も彼らのような活動家や日本共産党だけではない。

自衛隊の存在意義を覆(くつがえ)すような驚くべき文書が神戸市で見つかった——。

海上自衛隊阪神基地隊と神戸市が取り交わした土地契約のなかに、「埋立地の利用計画は変更しない。なお、火器、弾薬を集積しない」と明記されていたのだ。

海上幕僚長と神戸市長の約束

昭和三十九年（一九六四年）、大阪基地隊の移転候補地として、神戸の埋立地の売却案件が神戸市議会に上程された。この埋立地の売却案件は、土地が大きすぎることと自衛隊の神戸への進出そのものへの反対によって、一度は本会議で否決された。

だが、自衛隊の規模が大きすぎるという反対意見を考慮し、売却土地面積を減らして本会議に再び上程。その結果、同年十二月の神戸市議会で「神戸港東部海面第三工区埋立地についての売却議案」が自民党と民社党の賛成で可決された。翌年二月、神戸市と海上自衛隊との確認事項として先の文書が取り交わされたのだ。

「神戸港東部海面第三工区埋立地のうち、海上自衛隊用地の利用に関する確認事項につい

海幕管第722号

40．2．6

神戸市長　原　口　忠次郎　殿

海上幕僚長　西　村　友　晴

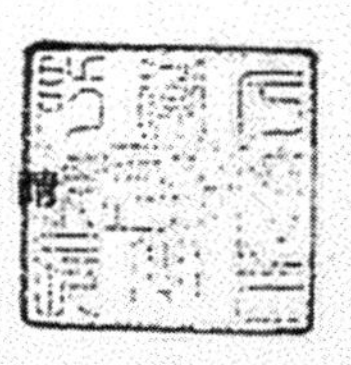

神戸港東部海面第3工区埋立地のうち、海上自衛隊用地の利用に関する確認事項について（回答）

神埋庶第758号（40．2．4）をもつて申し入れのあつた標記について、下記の事項を確認する。

記

確認事項

1　埋立地の利用計画は変更しない。

なお、火器、弾薬は集積しない。

2　将来利用計画を変更する必要を生じた場合は、あらかじめ、神戸市長と協議したのち実施する。

受付 第786号 40.2.-9

神戸市役所 40.2.9. 受付

(59)1965年に交わされた文書　©小笠原理恵

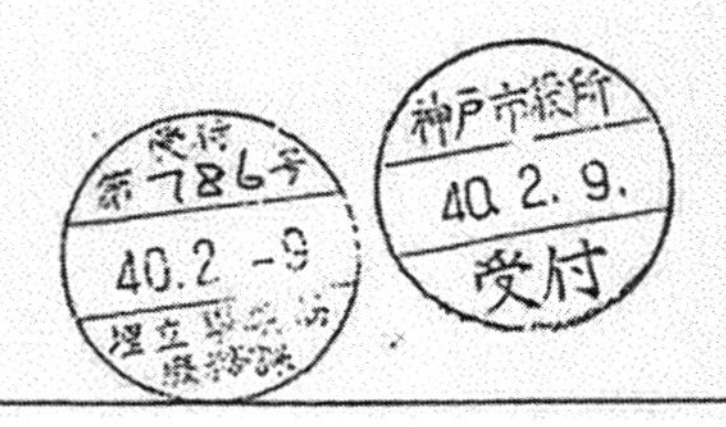

て」という昭和四十年（一九六五年）二月に交わされた文書が(59)である。

この文書は「海幕管第722号　40・2・6」と記載された公文書で、確認事項に「火器、弾薬は集積しない」とある。つまり、阪神基地隊に「弾薬と火器を持ち込まない」ともとれる約束を神戸市と海上自衛隊の間で結んだものだ。当時の海上幕僚長「西村友晴（ともはる）」氏の名前と、神戸市長「原口忠次郎（ちゅうじろう）」氏の二人の名前がそこに書かれている。

この存在を明らかにしたのは、上畠寛弘（うえはたのりひろ）神戸市議会議員である。

二〇二四年二月二十九日の神戸市議会で、上畠議員はこう質問した。

「昭和四十年に交わされたこの文書は、神戸市に存在するのか？」

神戸市都市局長である山本雄司氏の回答は、「市議のご指摘の文書は存在します」だった。上畠議員は、さらにこう質問した。

「神戸市は見直しを行うべき協議に応じるのか？」

山本氏は「利用計画変更の申し出が自衛隊側からあれば、協議を受け入れる」と回答した。

当日、筆者は「スクープ」と題して、この件を「Hanadaプラス」で報じた。大きな反響があったが、大手メディアはなぜかどこも報じなかった……。

阪神基地隊はすでに無力化

阪神基地隊は、阪神地区で唯一の海上自衛隊の拠点だ。大阪湾、紀伊水道および四国沖の防衛・警備、艦艇への後方支援を担っている。大阪湾や紀伊水道で機雷等の爆発物が発見された場合に処理する第四十二掃海隊も、この阪神基地隊内にある。

兵庫県には伊丹市に陸上自衛隊中部方面総監部があり、また小野市、姫路市、川西市等に陸上自衛隊の駐屯地があるものの、人口が密集している阪神沿岸部からは離れている。神戸市や阪神沿岸部を守る拠点として、阪神基地隊は重要なのだ。

北朝鮮の弾道ミサイルが万一、日本に向けて発射され、海上配備型迎撃ミサイルSM3が海上での迎撃に失敗した場合、最終フェーズを地対空誘導弾ペトリオット（PAC3）で狙うことになる。

PAC3の射程距離はおよそ十五〜二十五キロメートル。阪神基地隊にPAC3を配備すれば、神戸市周辺の人口密集地や産業拠点である阪神地帯へのミサイル攻撃をかなりカバーできる。

この文書を発見し、質問した上畠市議は、阪神基地隊のある東灘区選出の市会議員だ。

彼は軍事攻撃やテロ、災害発生時に阪神基地隊が地域の住民の命を守ってくれると信じていた。

しかし、火器も弾薬もないのでは、阪神基地隊自体がテロや武装勢力等に襲われた場合、東灘警察署に守ってもらうしかない――。その事実を知った落胆は大きい。

少し誇張になるが、敵の攻撃を受ける前に、この契約書によって阪神基地隊はすでに無力化されていると言ってよい。自衛隊はこの文書が締結されて以降、従順にそのルールを守っているはずだ。

日本を取り巻く環境が激変しているなか、防衛大臣はこの文書をそのままにしてよいのか。さらに言うなら、この事実を認識していたのだろうか。

軍事組織がそこで戦い続けるためには、戦う兵士と弾薬、兵器、燃料、食料、医薬品が必要だ。どれが欠けても戦い続けることはできない。

神戸市で発見された文書は昭和四十年から現在まで、自衛隊から弾薬と火器を奪い、戦う能力を奪い続けている確たる証拠だ。

そもそも、自衛隊は現状でも継戦能力を持たない。これまで自衛隊が保有する弾薬や燃料は、その年度に予定された訓練や演習計画に基づいて必要とされる数量が決められ、単年度で消費する程度の数量しかおそらく保有していない。

今回、神戸市でこの文書が見つかり、改善協議が進めば、神戸の治安維持は大きく向上することだろう。他の市町村も、このような過去の〝亡霊〟がいないかを調べ、早急に見直してほしい。

弾薬を〝奪った〟活動家

二〇二二年十二月、国家安全保障戦略と防衛力整備計画が策定され、五年間で総額四十三兆円の防衛予算が閣議決定し、風向きが変わった。それまでは余剰(よじょう)はほとんど許されず、単年度で使い切る程度の燃料や弾薬しか自衛隊にはなかった。

特に、弾薬数は継戦能力があるとは到底言えない状況だ。燃料備蓄を増やすよりも、弾薬備蓄数を増やすほうがさらに難しい。弾薬を増やそうにも、弾薬庫すら十分にないからだ。

二〇二三年、浜田靖一(やすかず)防衛大臣（当時）は、十年後をめどに弾薬を保管する弾薬庫を全国に百三十棟整備する方針を発表した。また、そのうちの七十棟を二〇二七年度までに整備すると発言。だが、これでは遅すぎる。

中国の習近平国家主席が四期目に移行する二〇二七年までに、中国は台湾有事の際に米国の介入を抑止するだけの軍の態勢を強化・整備する目標を立てていることが、「DNI」（米国国家情報長官）の年次報告書で報告されている。

また中国は、核備蓄量を二〇三〇年までに現在の五百から一千へ倍増する計画であることが、二〇二三年の米国防総省「中華人民共和国の軍事及び安全保障の進展に関する報告書」(Military and Security Developments Involving the People' s Republic of China) に記されている。中国だけではない。北朝鮮は核弾頭の小型化に成功しているとされる。

このように周辺国からの脅威が増す一方で、その軍事侵攻に対して敵を迎え撃ち、国を守るために十分な能力を持つことに、日本はやっと重い腰を上げた段階だ。

神戸市議会で、テロやミサイル攻撃を受けた場合、神戸を守れないのでは困ると市議が訴えた。現在、弾薬庫建設のための説明会が全国各地で行われている。しかし、冒頭に記したしんぶん赤旗のように、弾薬を置くことを許さない活動家が各地に存在する。

その活動家が自衛隊から弾薬を〝奪う〟ことに成功した事例が、二〇一九年に宮古島（みやこじま）で起きた。

宮古島の陸上自衛隊はミサイル部隊を編成し、中国の攻撃を想定した地対空、地対艦ミサイルを置いていた。尖閣諸島沖に年間百日を超えて中国公船が来るなかで、当然の迎撃態勢を整えようとしていた。

しかし、この部隊から弾薬が消えた――。皆さんは、この事件を覚えているだろうか。

東京新聞が投じた一石

二〇一九年四月一日、東京新聞が「『保管庫』実は弾薬庫」と一面で大きく報道(60)。この記事により、住民は陸上自衛隊の宮古島駐屯地に建設していた「保管庫」が弾薬庫であり、だまし討ちだと抗議した。

二〇一六年九月、若宮健嗣防衛副大臣(当時)が下地敏彦宮古島市長(当時)に、「ヘリパッドや地対艦・地対空誘導弾を保管する火薬庫を整備する計画はない」と説明、下地市長は「弾薬庫が一切ないと説明を受けて一安心している」と答えている。

たしかに、説明とは異なる整備計画であったことは否めない。

東京新聞が報じた翌日、岩屋毅防衛大臣(当時)は衆議院安全保障委員会で謝罪し、駐屯地内にある弾薬類を一旦島外に搬出すると明らかにした。この時、岩屋大臣が即座に弾薬類を島外に搬出したことは、保守系の人たちからの批判の対象となった。

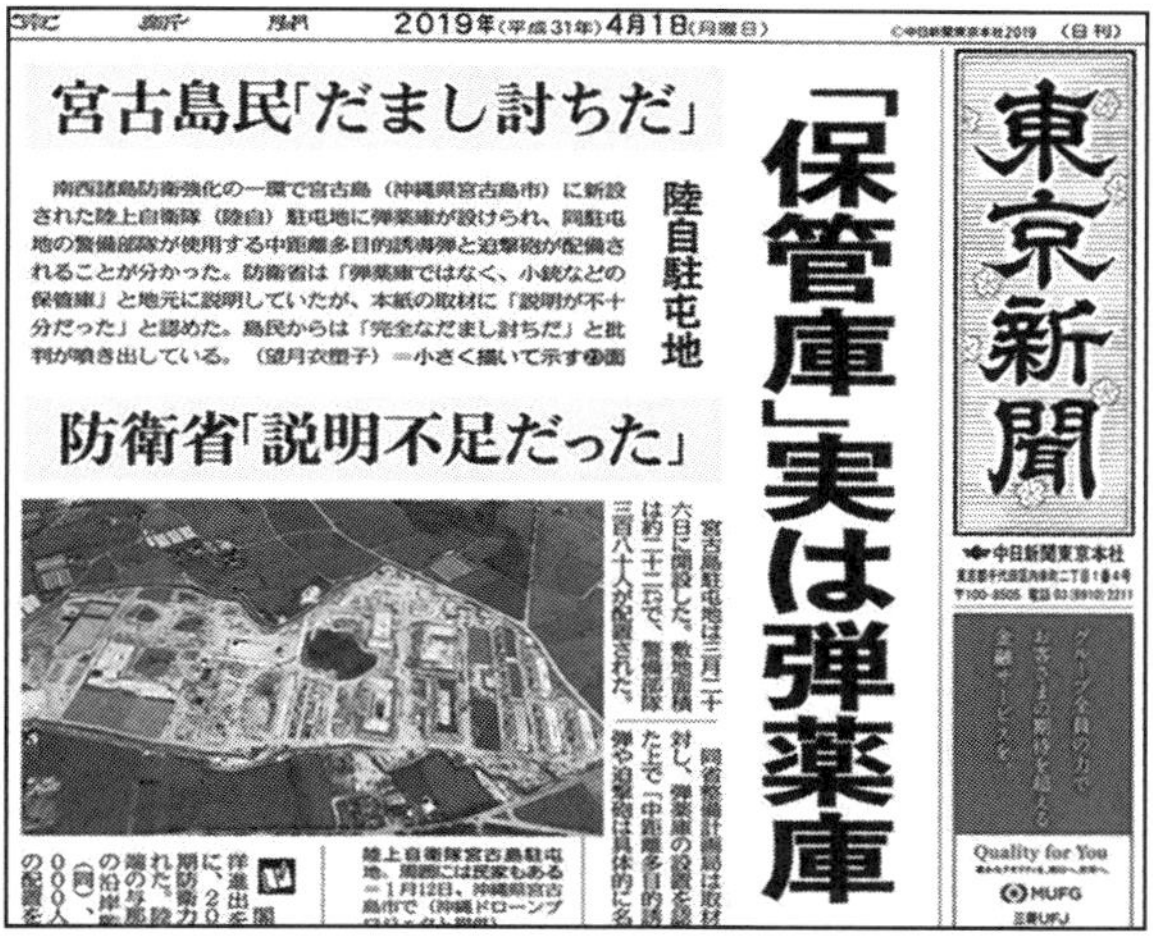

東京新聞　2019年（平成31年）4月18日

「保管庫」実は弾薬庫

陸自駐屯地

宮古島民「だまし討ちだ」

南西諸島防衛強化の一環で宮古島（沖縄県宮古島市）に新設された陸上自衛隊（陸自）駐屯地に弾薬庫が設けられ、同駐屯地の警備部隊が使用する中距離多目的誘導弾と迫撃砲が配備されることが分かった。防衛省は「弾薬庫ではなく、小銃などの保管庫」と地元に説明していたが、本紙の取材に「説明が不十分だった」と認めた。島民からは「完全なだまし討ちだ」と批判が噴き出している。（望月衣塑子）＝小さく描いて示す②面

防衛省「説明不足だった」

宮古島駐屯地は三月二十六日に開設した。敷地面積は約二十二ヘクタールで、警備部隊三百八十人が配置された。

陸上自衛隊宮古島駐屯地。周囲には民家もある＝1月12日、沖縄県宮古島市で（沖縄ドローンプロジェクト提供）

(60)国益を無視する東京新聞

防衛省が異なる説明をしていたことを指摘されれば謝罪するのは当然だが、「なぜ、島外に弾薬を即座に搬出したのか？」と疑問に思う声があった。

弾薬を即座に搬出した理由を説明しよう。

この東京新聞の記事には、沖縄ドローンプロジェクト提供の宮古島駐屯地の航空写真が添付されていた。

二〇一六年、「重要施設の周辺地域の上空における小型無人機等の飛行の禁止に関する法律」が施行された。しかし、自衛隊基地がドローン飛行禁止地区に定められたのは二〇一九年六月の改正以降だ。

宮古島駐屯地も現在は指定区域だが、二〇一九年四月の記事時点では、宮古島駐屯地上空のドローン撮影は合法だったのだ。

ドローン禁止区域を定めるのは、自衛隊施

設内の撮影が軍事情報漏洩に繋がるためである。しかし、ドローンを除けば、自衛隊基地や訓練を撮影することを禁止する法律はない。同法が改正されても自衛隊基地は外部からいまも撮影され、監視され続けている。自衛隊内の情報も同様に、常に外部から監視されているのだ。

暴かれた弾薬庫設計図

岩屋防衛大臣が即座に搬出した決め手は、二〇一九年四月八日に琉球朝日放送が制作し、緊急リポートで公開した「宮古島駐屯地の埋設管計画平面図」であろう(61)。

防衛省が住民説明会で出した図面は重要な箇所を黒塗りしていたが、この埋設管計画平面図は黒塗りの箇所はなく、設計図の詳細が読み取れる。独自の方法で市民団体が入手したとされる基地の空撮写真、詳細な弾薬庫の図面が、インターネット上でもテレビでも公開されてしまったのだ。

岩屋防衛大臣が、弾薬を即時に島外に搬出したのは当然である。設計図の詳細がわかっている弾薬庫は、テロリストの恰好のターゲットになる。また、火器と弾薬を持ち出されるリスクもある。弾薬庫の設計図は最も高度な軍事機密なのだ。

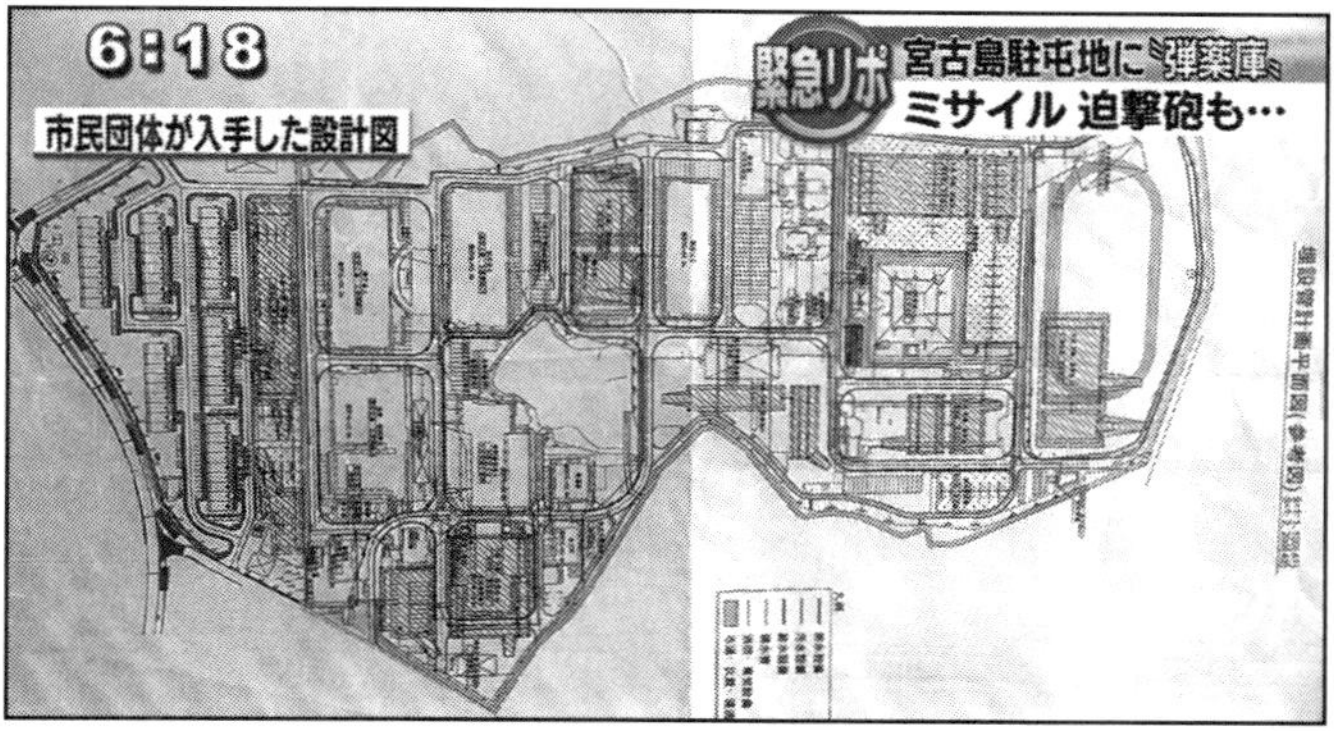

(61)琉球朝日放送、宮古島駐屯地弾薬庫設置の波紋

軍事組織の図面を調査することは諸外国ではスパイ行為とされるが、日本には公務員とそれに準ずる組織等を処罰する「特定秘密情報保護法」はあっても、市民団体を処罰する法律はない。図面を暴露された損失は大きい。島外への弾薬の即時搬出は、安全保障と島民の命を守るうえでしかたのないことであった。

二〇一九年四月九日～二〇二一年十一月十四日まで、宮古島駐屯地にはミサイル部隊はあるのに、地対艦ミサイル、地対空ミサイルはなかった。運よく、その間は軍事侵攻やミサイル攻撃はなかったが、ＮＨＫは弾薬庫搬入に五十人の市民抗議活動があったことしか目を向けなかった。

大手メディアの罪も重い。自衛隊反対運動が自衛隊の能力を損なう問題を真剣に考えなければ、日本はいずれ中国の手に落ちるだろう。

憲法改正とスパイ防止法

弾薬庫建設百三十棟を迅速に行い、自衛隊が十分な能力を持つことができるようにするには、まずこの自衛隊への監視行動や情報開示について、一般人対象の「スパイ防止法」の必要性を考え直さなければならない。

自衛隊は透明性の高い行政組織だとする感覚は、軍事機密を守るためにはそぐわない。憲法改正をして自衛隊を軍事組織として認めてもらわなければ、いつまでも妨害活動は続く。このままでは、自衛隊は十分な継戦能力を持てないままだ。

上畠神戸市議は議会で、「早急に見直しを行いまして、火器や弾薬の持ち込みの制限など撤廃して、危機の事態において神戸市民を守ることができる体制を整えていただかなくてはならない」と発言した。

危機の事態において国民を守れる自衛隊となるためにも、この神戸市で見つかった文書について早急に防衛省は神戸市と協議を行い、この制限を撤廃していただきたい。

第十三章　潜水艦〝無限労働地獄〟

「潜水艦の記事を書くな！」

二〇二一年二月八日、潜水艦「そうりゅう」が高知県足摺岬沖で商船と衝突事故を起こした(62)。負傷した乗組員三人には気の毒だが、この事故の教訓が自衛隊改善に役立つきっかけになってほしいと思う。

　潜水艦の記事を書くと様々な圧力がある。潜水艦乗組員の苦悩を「日刊ＳＰＡ！」に書いた時に、某海上自衛隊基地司令から「潜水艦の記事を書くな！」と恫喝されたこともある。自衛官募集に悪影響だから書くなということらしい。

　『Hanada』は「うちはタブーなしですので、思う存分お書きください」と私に言ってくれた。「正直、恐ろしい」が、このまま放置してはいずれ大事故が起こるかもしれない。

(62)人員不足、予算不足、過酷労働……　（写真提供／共同通信社）

問題を隠蔽するのではなく改善しなければ、「自衛官になりたい」と考える人は増えない。あるべき国防の姿を問うべく、『Hanada』の心意気を信じてこれを書く。

この原稿を執筆中に自衛隊関係者から、

「昨日（二月十日）、佐世保の某艦で首吊り自殺があったようです。詳細は現在調査中ですが、乗組員がこうも簡単に死に急ぐ環境はやはりおかしい。現場の職場環境は劣悪であると断言します。護衛艦乗りがどんどん減る傾向にあります」と必死の訴えがあった。

それほどまでに追い詰められている人がたくさんいる。悲鳴を聞きながら恫喝におびえて書けなかったことが悔しい。自殺した隊員も退職希望だったという。この問題をもっと早く正面から書いていたら、この自殺は止められたかもしれない。

海上自衛隊の艦艇勤務、特に潜水艦の乗組員不足は危機的だ。致命的と表現したいくらいのレベルにある。

退職できない不都合な真実

「いやなら退職届けを出してやめればいい」という人がいるが、自衛隊員は、退職したくても民間のように容易に退職できない。一般企業は退職届けを出せば退職できるが、自衛官は退職届けを出すだけでは退職ができないのだ。

たとえば、退職届けを一方的に出して、職場を放棄して実家に逃げ帰れば脱柵となる。つまり「脱走兵」扱いとなり、自衛隊の警務隊や同僚が追跡する。そのまま職場に連れ戻されるが、追跡にかかった費用は脱柵した隊員の負担になる。

艦艇・潜水艦勤務以外の陸上・航空・海上自衛隊の退職希望はさほど難しくはないが、人員不足の艦艇・潜水艦勤務では、簡単には「退職許可」を出さない。

自衛隊員は憲法で保障されている「辞職の自由」すら認められていないのか。

国境防衛に直結する最も力を持たなければならない海上自衛隊が応募数も少なく、離職数も多い。やめられては困るので、許可を出し渋る幹部は多い。

潜水艦勤務から外れたくとも、艦長の許可が必要だ。病気療養すら制限される。「体調が悪いから休みます」と下宿に籠った潜水艦乗組員の逸話がある。出勤を拒否した隊員は、多数の幹部自衛官により潜水艦に引き戻されたが、「退職希望だから、絶対働きません。解雇してください」と数カ月間ゴネ続け、やっと退職を勝ち取った。

「あいつは根性があった」と残された潜水艦乗組員はうらやましそうに言っていた。乗組員が退職すると、幹部自衛官の査定に響く。艦長の任期は短い。その任期の間、乗組員数を維持できれば、昇任（昇進）が早い。

希望どおりに退職させると、自前の乗組員だけで任務を引き受けられない。職務遂行ができない艦長の査定は低くなる。結果として、退職希望者の機嫌を取りながら働かせ続けるようになる。無理に無理を重ねたブラックスパイラルに出口はない。

航海中は数十人の乗組員で閉鎖空間を共用する潜水艦では、人間関係が悪化するとキツい。精神的に追い詰められても逃げることができない。だから、何も感じないように心を閉ざして勤務する乗組員も多い。幹部自衛官は数年で異動があるが、下士官である曹・士クラスはずっと潜水艦勤務のままだ。

「ドックに入ったら二週間休みがあるらしいよ」と嬉しそうに言っていた潜水艦実習員が、船がドックに入渠（にゅうきょ）した途端、「船は休暇に入ったが、僕たちは検査に立ち会うので出勤だ。休みなんてないのかも」と顔を曇らせた。

書類上の休暇と乗務員の本当の休日は乖離（かいり）している。国はこの点を入念に調査してほしい。

報告上の休みは十分にとっていることになっているので、防衛閣僚は問題を確認できない。この壁は厚く、幾度も国会議員に実態調査を訴えたが、実態は政治家に伝わらない。

タイムカードのない潜水艦乗組員の勤務実態を証明するのは難しく、さらに現場の自衛隊員の口も堅い。

隊員の自殺と「共食い修理」

潜水艦「そうりゅう」では、過去に和歌山県沖の航行中の溺死自殺と、呉で拳銃自殺未遂があった。自らの命を絶とうと考えるまでの絶望がそこにあったのだ。

退職するために、幹部に逆らい続ける覚悟と長期間の反抗が必要な職場が他にあるのだろうか。

今回の潜水艦「そうりゅう」の事故では乗組員三人が軽症で、死者が出るような惨事にはならなかったが、ここで止めなければ、次はさらに大規模な事故になる。

ソナーが壊れていた可能性も指摘されているが、報道では、ソナーマンが商船を察知できなかったという。「そうりゅう」に乗船していたソナーマンの一人は、とても耳の良い優秀な人だが大きな事故で気弱にならないか心配だ。

例外はあるが、日本の潜水艦は神戸市にある川崎重工業と三菱重工業のどちらかのドックで定期点検を受ける。ここで破損箇所の修理をするが、予算不足のため潜水艦乗組員がペンキ塗りや機器の搬入作業をするのだそうだ。書類上は休暇とされているが、普段よりも力仕事が多い、とボヤく潜水艦乗組員の声がある。

いくらボヤいても、彼らの出退勤、勤務時間の主張を証明する方法はない。そのために想像以上に不満は大きい。

「潜水艦で潜望鏡漏水（ろうすい）事故があったらしいが、修理費用がなくそのまま航海していると聞いたが、大丈夫なんでしょうか」と、潜水艦乗組員のお母さんから質問を受けたことがある。話どおりなら、大丈夫なはずがない。修理費用くらいは潤沢（じゅんたく）に自衛隊に出してほしい。

実際に川崎重工業、三菱重工業には修理待ちの潜水艦が多数停泊している。予算がなければ部品交換も修理もできない。予算がもらえるまで待つしかない。仕方なく「共食い修理」（他の停泊中の潜水艦から借りた「使用可能な部品の使いまわし」による整備）をすることもある。

また、乗組員不足は、ドックに入渠中の他の船の乗組員を派遣として借り上げ補充する自転車操業で補うとも聞いた。

防衛白書には「合理化、効率化、省人化・無人化」といった予算削減の涙ぐましい努力が掲げられている。海洋国家日本の防衛の要（かなめ）である潜水艦にも、一般の行政機関と同等に

「予算内でできることだけやればいい。一円でも削れ」と求める国に未来はない。

有事に隊員が戦闘で負傷しても、十分な交代要員がいれば継続して戦闘できる。少人数では一人欠けただけでも戦闘不能に陥る。少人数化はたやすく行動不能に陥る改悪だ。

多額の国家予算を投入し、圧倒的な物量と人員を着々と積み上げて、最小の犠牲で失敗のない完全勝利を目指す中国に対して、安上がりの防衛を目指す日本が対応できるのだろうか。

忌み嫌われる地獄の訓練

産経新聞によると、事故を起こした「そうりゅう」は長期にわたる定期点検後の練度を取り戻す訓練に当たっていたとある。

これはリフレッシャーと呼ばれる再練成訓練で、潜水艦乗組員に最も忌み嫌われる過酷な訓練だ。一カ月間と三カ月間の二つのパターンがある。

自衛隊の艦艇で行うリフレッシャー訓練は、「防火」「防水」「応急処置」など事故や運航に必要な訓練を規定時間内にマニュアルどおりに仕上げることを求められ、朝八時から十七時までタイムトライアルレースが続けられる。その後、二十一時頃まで反省会が行われる。これだけでも長時間労働だ。

だが、それだけではない。

乗組員には訓練以外にも通常航行での当直業務（ワッチ watch）がある。このワッチを入れると、勤務時間は十六時間を超え、これが一カ月から三カ月続く。

乗組員が悲鳴を上げるのは当然のことだろう。

「〇～四」「四～八」「八～十二」「十二～十六」「十六～二十」「二十～二十四」の時間枠のどれかに従事するが、深夜ワッチがキツい。「ワッチ」は突っ立っているだけではなく、艦内を巡回し、機器類チェックを記載する義務をもつ。居眠りすらできない。

緊張で胃が痛くなり、ヘルペス等過労で起こる病気に苦しむ隊員も出るが、ほとんどの潜水艦には医師が乗船しておらず、処置はできない。閉鎖空間で十六時間を超える労働が数カ月続くことを「地獄」と表しては言い過ぎだろうか。「そうりゅう」事故前のソナーマンの睡眠時間・勤務実態をぜひ知りたいところだ。

北朝鮮・中国が軍事力を拡大し、海上自衛隊も増強を始めた。「二十二大綱」（平成二十二年十二月策定）で潜水艦を十六隻から二十二隻に増やすことが決定。「三十大綱」（平成三十年十二月策定）では護衛艦を四十七隻から五十四隻に増やすことが決定した。

ところが、船は増やすのに人員は二〇一八年（平成三十年）の水準のままとされた。これが深刻な人員不足となる原因だ。船は増やすが人間は増やさないという計画が、長時間労働の原因だ。

自衛隊の上層部には、本省内部部局（内局）という防衛政策・人事・整備計画・大臣折衝等を行う部署がある。この根幹を牛耳る内局は公安と財務省の出向組が多く、防衛省採用数は毎年わずか三十人ほどだ。自衛隊について国会で答弁するのが財務省出向者というのは笑えない。

制服組の窮状が予算や政策に反映されない理由はここにあるのではないか。防衛力よりも、財務省の省益が優先される。これが文民統制なのか。これでは十分な防衛力を持てず、人員不足・予算不足に苦しみぬくしかない。

だが、それでも国は守らなければならない。海上自衛隊の潜水艦幹部たちもやむに已まれず、苦渋の選択をしている。潜水艦乗組員も幹部も、ともにその歪な構造の被害者だ。人員に余裕があった当時に決めた訓練を人員不足の潜水艦で行えば、隊員の負担は何倍にもなる。働き方改革は自衛隊の潜水艦には適用されない。せっかく訓練し、技術を習得した潜水艦乗組員が離職するのは悲しい。

二〇二〇年度も、他の公務員と横並びで自衛官のボーナスが削減されている。コロナ禍で感染の危険を顧（かえり）みず検疫や輸送、治療にあたった自衛隊員にこの仕打ちだ。

弱点を熟知する中国海軍

二〇二一年一月一日、「中国の発展の利益が脅（おびや）かされる場合には全世界の中国人が軍民総動員協力戦時体制を可能とする」改正国防法が施行された。さらに二月一日には、「外国の船に対して銃撃を許可する」海警法が施行された。

中国の海警はコーストガード（沿岸警備隊）のような印象をもつ「公船」という名前で報道されているが、実際は人民解放軍の下部組織、武警に所属する立派な軍事組織の一員だ。その公船は一万トン級のものもあり、七十六ミリ機関砲など重武装仕様だ。海上保安庁の巡視船の装甲など簡単に撃ち抜くことができる。

尖閣諸島沖のリスクはさらに大きくなり、いつ日本の漁船や海上保安庁の船が銃撃されるかわからない。

海上自衛隊の人員不足を中国海軍は熟知している。しかも、海上自衛隊にはない余裕をもった人員配置、燃料、そしておそらく膨大な弾薬数を準備。中国海警局の公船はすでに大型の重武装艦だ。海上保安庁と海上自衛隊の苦しい台所事情を知ったうえで、中国の海警はその絞り出した力を削いでいく。

そんななか、自らの立場を顧みず、乗組員に休暇を取らせた艦長もいたそうだ。潜水艦「ふゆしお」第十代艦長、天野浩一氏は、「おれはもう昇任しないから、おれの船の乗組員は休める時にはできるだけ休ませる」と公言し、乗組員に休暇を出した、と関係者から聞いた。他の艦長から示しがつかないと怒られたが、乗組員から慕われた。自衛隊の名誉のためにいうが、鬼ばかりではないのだ。

海上自衛隊が対する中国海軍は、十分な人員数と余力を計算し、ローテーションで生気みなぎる状態でやってくるのだ。精神と肉体の極限の戦いを強いる自衛隊の根性論では勝てない。

いま、勇気をもってこの問題を議論し、変えてほしい。

第十四章　川崎重工業「裏金問題」の真実

防衛省大量処分に異論あり

習近平国家主席が四期目の就任となる予定の二〇二七年までに台湾有事があると言われているなか、海上自衛隊の屋台骨(やたいぼね)が大きく揺らいでいる。

二〇二四年七月十二日、「特定秘密の不適切運用」「潜水手当の不正受給」「基地内の無銭飲食」「背広組のパワハラ」の四件で、防衛省は事務次官や自衛隊制服組トップを含む合わせて二百十八人を処分した。

そのうち懲戒処分は百十七人だが、百十三人が海上自衛隊で、酒井良海上幕僚長も事実上の更迭(こうてつ)となった。

過去最大規模の処分であり、防衛に穴が開かないか心配になる数である。懲戒処分を受ければ海上自衛隊内の昇進はなくなる。どれだけの隊員が自衛隊に残ってくれるだろうか、その点も大いに心配だ。

これだけでもかなりのインパクトなのだが、この処分の二日前、海上自衛隊で新たな不祥事が発覚した。

〈防衛省は10日の自民党国防部会などの合同会議で、海上自衛隊の潜水艦修理に絡(から)んで、川崎重工業が裏金を捻出して隊員を接待していた事実関係を認めた。

海自隊員への利益供与などのため、川崎重工業が捻出した額が現時点で把握できている分だけで年2億円程度、総額十数億円に上ることを明らかにした。提供されたのは、商品券や飲食接待だけではなく、乗組員が要求した工具やゲーム機なども含まれていたという〉（二〇二四年七月十一日付毎日新聞）

遅くとも六年前からという報道があるが、「約二十年前から始まった」という報道もある。いずれにせよ、かなりの処分者が出るだろう。

裏金などあってはならないし、国民の信頼を裏切る行為なのは間違いない。「自衛隊員が裏金つくって贅沢しているなんて許せない」という声もある。いまの報道だけ見ているとそう思われても仕方がないだろう。

だが、筆者が現場の隊員からヒアリングした実態はまったく違う。報道されていない「裏金問題」の実態を説明する前に、潜水艦乗組員の過酷な任務について記す。

休みがない潜水艦乗組員

潜水艦乗組員は南西諸島沖だけでなく、様々な場所に任務がある。その航行は長期にわたるものもあり、潜航中は日の光に当たることすらない。航海中はWi-Fi(ワイファイ)も通じず、スマホも持てないため、不自由な生活を強(し)いられる。

潜水艦乗組員には、海上自衛隊のなかでも数パーセントしかなることができない。なぜなら、外が見えない閉鎖空間でトラブルが起きないよう温厚で冷静沈着、記憶力に優れ、身体能力の高い人材のみが選ばれるからだ。それゆえ、人員不足の海上自衛隊で最も人が足りないセクションが、潜水艦乗組員なのである。

昭和の潜水艦勤務は、現在ほど頻繁に出航することもなかった。母港に帰れば長い休みをもらえ、ドック中は数週間から一カ月近い休みももらえたという。さらに、三年勤務すれば一年は地上勤務になるような時代もあったと聞く。

こういうメリハリのある勤務体系なら、定年まで続けられる人もいただろうが、人員不足のいまは違う。

防衛省の募集要項では土日が休みで年次休暇があるとされているが、陸にいても、当直で土日の両方が休みになることはほとんどない。

埠頭(ふとう)に接舷(せつげん)している時でも全員が帰宅することはできず、最低限の隊員を常時当直として残さなければならない。その二十四時間勤務の当直が明けてもそのまま引き続き通常勤務——つまり、三十時間以上の長時間勤務となる。

しかも、代休や有給休暇の買い取り制度もない。消化できない休みは捨てることになるのだ。

定期検査でドック入りした時も必要な人員は残して、一部の隊員は別の船に派遣される。ドックに入っている間は、川崎重工業（以下、川重）が用意した海友館（ドックハウス）という宿泊施設で集団生活。隊員たちは大部屋に、幹部自衛官は別の部屋に泊まる。

今回の裏金問題はこういう現場で起きたのだ。川重と幹部との間でどのような〝密約〟があったのかはわからないが、元潜水艦関係者に取材したところ、川重や下請けがやる仕事を乗組員が肩代わりさせられていた疑惑があるという。

作業後に高級スポーツウエア

元潜水艦関係者はこう証言する。

「こっそりと呼ばれて、潜水艦にあるタンク内部の清掃と修理をやれと命じられることがありました。船は休暇で、隊員も書類上は休み。にもかかわらず、やりたくないのに働かされた。ドックに入っている時くらいは休みたいのですが、断ったらあとで文句を言われるので仕方なくやりました」

こういうおかしな作業を命じられたあとに、先任伍長などを通じて高級スポーツウエアや雨具等が配られることがあったという。

「いらない、と突き返した奴もいましたよ。でも、『和を乱すな』と。ある隊員は『ムカついたからあとでゴミ箱に捨てた』と言っていましたね。何が欲しいのか、希望を訊かれることもありました。『上層部はもっと多額のものを受け取っているらしい』という噂を聞いたので、おかしなことに巻き込まれないように何も希望しませんでしたが……」

時には、仕事に必要な工具などが川重ドックで配られることもあったという。それらは、何度、物品購入をお願いしても、高額なので購入してもらえないものだった。

たとえば、「高機能LEDライト」。潜水艦内は暗いため、磁石で貼り付けることができ、両手が自由に使えて衝撃に強いライトは必須だ。一万円近くするため、自腹で購入するのを躊躇(ちゅうちょ)する乗組員も多かったが、川重のドック作業後にはほとんどの潜水艦に配備されるようになった。

また、インパクトドライバーのような作業時間を劇的に短縮できる道具をもらう隊員もいた。数十万円もする高機能の工具もドック作業中か、ドック作業後に配られたという。

ゲーム機が欲しいとリクエストした隊員もいただろうが、仕事用工具なので疑問なく受け取った隊員も批判されなければならないのだろうか。

裏金づくりの手法

特別防衛監察の結果が出ていないので軽々には言えないが、今回の裏金づくりの手法はおそらくこうだ。

1 川重（元請）が業者（下請け）にタンク内作業等を依頼する（架空取引）。
2 実際の作業は乗組員にやらせる。
3 作業をしていないので支払いが不要になる。
4 休みを返上して作業をさせられた隊員に「お礼」、もしくは「口封じ」として物品が配られる。
5「こんなものなどいらない。休みを返せ！」という声が高まる。

元乗組員はこう証言する。

「川重のドックでは、乗組員がペンキ作業やフィルター交換等の作業を行っていました。それは川重がやる仕事なのか、乗組員がやる仕事なのかはわからなかったけれど、ドック中にやらされていた作業のなかにはその架空取引分の作業もあったのではないか、といまになって思い当たる節(ふし)がある」

上司の命令に絶対服従しなくてはならない曹士クラスが、川重と潜水艦上層部が作る裏金づくりのシステムに悪用されていたのだ。

ここでひとつの疑問が生じる。

川重と癒着して、幹部たちは一体、何を得たのだろうか。「上層部はもっと多額のものを受け取っているらしい」という噂が乗組員の間であったのは事実なので、私利私欲のために使った可能性もある。だが、商品券や飲食接待等で十数億円もの裏金を使い果たせるだろうか。

㊸川重の潜水艦ドックには2隻の船が　(2024年7月17日　著者撮影)

防衛省によると、海自が保有する潜水艦は二十五隻。川重と三菱重工業が神戸市の工場で製造し、三年に一回の定期検査や年次検査なども担(にな)う。

潜水艦の数が増え、運用の頻度が上がれば修理しなければならない要素は多くなる。決められた予算内では修理ができないこともあるので、川重神戸工場のドックには修理待ちの潜水艦が複数係留されていることが多い。

潜水艦の艦長は、どれだけ仕事を任期中にこなしたかで昇任が変わる。早く修理を終えて仕事をこなし、昇任したいと幹部は考える。もちろん、自らの出世だけではない。船が修理中ではいざというときに戦えない。でも、その予算が足りない……。

元海上自衛隊幹部はこう推測する。

「予算をプールできれば、必要な時にそれを使って早くドックから出られる可能性が高い。この費用を捻出するために、川重と潜水艦の幹部たちは結託したのだろう」

関係者から新たな情報

国防という重要な責務を果たすための船なのだから、壊れたら即座に修理する予算が出るのは当たり前だと思っていたが、現実はそうではない。国会議員に頼み、予算を増やしてもらうように働きかけるべきだが、自衛隊員は宣誓によって政治活動を禁止されている。

元乗組員はこう証言している。

「修理予算がないし、隊員を引き留める報酬もないので、自衛隊幹部たちが身を削って経費を捻出しようとしていたのでしょうね。それで幹部たちは懲戒ですか？　なんの罰ゲームだろうと思います」

この証言は非常に重い。

……とここまで書いたところで、ある関係者から新たな情報が入ってきた。国税局がいう「飲食接待」の一部はネオン街で使われたのではなく、油にまみれた作業に従事する現場の自衛隊員の経費負担軽減に使われたというのだ。

船の定期検査中、乗組員は川重のドックハウスに宿泊する。二〇〇〇年に国家公務員倫理法が施行されるまでは、船舶・航空機等の修理中の宿泊費や食費も修理会社がほぼ無料で提供していたが、公務員の接待とみなされるリスクがあり、有料になったという。

乗組員の宿泊費と食事は国から出るが、「艤装員」は自衛隊のルールではその対象者ではない。

川重から新しい潜水艦が引き渡されたあと、自衛隊は内装にあたる必要な装置や設備を取り付ける作業を行う。これを艤装といい、この作業を行うのは新しい船に配属される予定の隊員（艤装員）だ。

潜水艦一隻あたり六十名から八十名の隊員が順次母港を離れ、就役までに神戸に集まってくる。

艤装員を経験した人物によると、「『食料金』と呼ばれるお金が出ていた」という。国税局がいう「飲食接待」の一部は、この「食料金」だと思われる。一般の船会社では、ドック内作業の宿泊費や食費は会社が出す。自衛隊では、一部が自腹負担だ。自衛官候補生の初任給は十五万七千百円。物価の高い神戸市での数カ月分の宿泊費や外食費の負担はキツい。これを補うための不正が行われた可能性が高い。

それでも自衛隊が悪いと言えるだろうか。

「俺たちは〝定額使い放題〟」

自衛隊員には、休日手当もなければ残業手当もない。タイムカードもないので、出退勤を証明することもできない。だから、自衛隊員たちは自嘲（じちょう）気味にこう言うのだ。

「俺たちは〝定額使い放題〟」

潜水艦乗組員は休みが取れないという記事を幾度も書いたが、防衛省の反応は「休みはきちんと取らせている」というものだった。国税局が川重の裏金を暴いてくれたおかげで、やっと書類上の休日に仕事を命じられ働かされる勤務実態に光が当たるはずだ。

事実解明と法律に基づく刑罰や懲戒は当然だが、ただでさえ人手不足の潜水艦部隊が戦争もしていないのに壊滅状態になることは避けたい。

不正受給にも悲しき現実

章の冒頭でも述べたが、懲戒処分を受けた百十七人のうち百十三人が海上自衛隊の隊員だ。なぜ海上自衛隊で不祥事が相次いでいるのか。

今回の処分対象のひとつ「潜水手当の不正受給」にも、裏金問題と同様に自衛隊特有の〝悲しき現実〟が隠されている——。

NHKは「任務や訓練で潜水した際には、潜った深さに応じて一時間当たり最大で一万円を超える手当が支給されますが、複数の隊員が実際には潜水を行っていないにもかかわらず、潜水したことにして手当を不正に受け取っていた」と報じたが、「最大で一万円」という記述は誤解を招く。一時間で約一万円をもらえるのは、水深四百五十メートル超の「飽和潜水」（深海の水圧に耐え、安全に長時間作業ができるように開発された潜水技術）のときだけだ。

飽和潜水は水深百メートルだと十一気圧の水圧となる。圧力が高いと血中に窒素が溶け込み、窒素酔いを起こす。浮上時に呼吸困難や体のしびれなどを起こす「減圧症」も発生する。一度飽和潜水をすると、一週間から十日間は加圧室に入って減圧していかないと潜水病になる。

三十メートル以内の潜水でも事故は起こり、死亡例もある危険な仕事だが、一時間で約一万円もらえるのは水深四百五十メートル超のケースだけだ。

潜水手当（1時間あたり）	
（水深）20m以下	310円
（水深）100m以下	3500円
（水深）200m以下	6500円
（水深）300m以下	8000円
（水深）450m超	1万1200円

では、通常の手当はいくらか。

一般の潜水で支払われる額は一時間あたり三百十円（水深二十メートル以下。百十メートル以下でも三千五百円）。ジュースが数本飲める程度で、コンビニバイトよりずっと安い。

潜水士の仕事はスクリューに絡んだ網やロープを外したり、船底の調査をしたり、掃海機雷なら機雷除去をするようなキツい作業だ。海上自衛隊では安全な航行のためにも、機雷除去のためにも、潜水士を大量に必要としているが、危険を伴う作業で一時間三百十円。この手当で、危険な潜水士になろうという人はいない。

さらに、潜水士の資格を取るには休暇中の時間を犠牲にして訓練を受ける必要がある。

元海上自衛隊員はこう語る。

「お前なら潜水資格が取れるよと推薦されたけれど、休みが減り、仕事が増えるだけで何のメリットもないとわかったから、資格が取れないように〝努力〟して逃げ出してきた」

潜水士の資格を取れば艦艇では重宝されるが、能力給はつかない。定期的に能力を維持する必要があるため、資格を得ても他の人より休みが減るだけなのだ。訓練を受けるなかでその資格に何のメリットもないことがわかれば、溺れたふりして試験に落ちようという気持ちは痛いほどよくわかる。

優秀な潜水士が民間で働けば、水深二十メートル以下でも一日三十万円程度の高給も可能だ。自衛隊にとどまる理由がない。

なぜ手当係も黙認したのか

今回、潜水手当の不正が見つかったのは、潜水艦救難艦「ちはや」と「ちよだ」。宮古島のヘリ墜落事故（二〇二三年四月六日）で飽和潜水を行い、水深百メートル以上の深海から遺体を見つけたのは「ちはや」の潜水士だ。

防衛省はこの「ちはや」と「ちよだ」の三等海佐や一等海尉も含む十一人を免職、四十八人を停職、三人を減給の懲戒処分としたが、海上自衛隊の精鋭中の精鋭の潜水士が懲戒を受けたことになる。先にも書いたが、懲戒処分を受ければ海上自衛隊内の昇進はなくなる。多くが自衛隊をやめていくだろう。

現役の潜水士はこう語る。

「潜水手当の不正受給が批判されていますが、そもそも手当なんて一時間潜ってジュースが自販機で数本買える程度です。潜水学校の教官が言っていましたが、手当を定めた法律がとても昔のものなので、当時だったらまずまずな手当だったらしいですけど、それをいまになっても使っているから渋い金額なんだと」

不正は許してはならないが、危険な任務につく潜水士になってもらうため、大事な潜水士の中途退職を思い留まらせるため、少しでも多くの手当を出してあげたいと考えていたからこそ、潜水長も手当係もこの問題を黙認していたのだろう。

元潜水士もこう語る。

「潜水手当の件だけど、上司が少しでも給料増やしてあげようみたいな感じでやってたんだと思う。もらった隊員も処分というのはあまりにもかわいそう。私利私欲ならわかるけど、上司の気遣いで巻き添えになるなんて……」

薄給の隊員を繋ぎとめるための裏金をつくる必要のない自衛隊にしてほしい。何も言えない自衛隊員に代わって、国会は手当や俸給改正に取り組んでいただきたい。「由々しき問題だ」と憤慨することなら誰でもできる。自衛隊の待遇を改善してこなかった国会議員にも猛省を促したい。

中国が大喜びの大量処分

二〇二四年七月十日、政府は使い切れなかった防衛費の不用額が約一千三百億円になる、との見通しを明らかにした。「防衛費倍増なんてやはりとんでもない。いまでも予算を使い切れていないではないか」。このような批判が必ず起きるだろう。

実際、東京新聞は待っていましたとばかり、「自衛隊の不祥事　軍拡路線の歪みが出た」と題した社説（二〇二四年七月十三日）を出した。

「背景にある一連の不祥事は、第2次安倍政権以降の急激な防衛力強化の歪みの表れでもある。安全保障の在り方を根幹から改めなければ、信頼は回復できまい」

辞任した酒井海上幕僚長は、「不祥事の真の原因は「組織文化に大きな問題がある。不正に気づいていていたにもかかわらず、見て見ぬふりをする体制が一部まだ残っている」と語っていたが、筆者から見れば、不祥事の原因は人手不足と賃金不足にあると言わざるを得ない。

中国は、海上自衛隊で発生した大規模な処分に伴う、海上自衛隊の機能不全に大喜びしていることだろう。多角的に考えていかなければ、中国は舌なめずりしながら、海上防衛力の穴をついてくるはずだ。

第十五章　お粗末すぎる後方支援

自衛隊の輸送能力だけでは無理

二〇二二年十二月十六日、「国家防衛戦略」（国家安全保障会議決定及び閣議決定）によって、これまで十年以上横ばいだった弾薬予算額が二〇二三年度から増額された。

これまでの台湾有事の想定では、沖縄等南西諸島沖への物資の補給や軍用機を整備する中心は、九州の補給処であった。しかしそれでは戦地への物資輸送に時間がかかりすぎる。これを解決するには、南西諸島の島々への弾薬や物資の備蓄庫の増設、沖縄の米軍基地内での備蓄等が必要となる。また、補給が途切れないために、日本全国から物資を集め、中間貯蔵して戦地へ送り込む輸送能力の強化も必要だ。米軍との実働訓練でも、この機動展開能力の強化が課題となった。

これを受けて、全国から物資を集めて南西諸島に運ぶための海上輸送部隊が、自衛隊に新編された。しかし、自衛隊だけの輸送能力ではまったく足らないのが現実だ。民間の船も含めた小型輸送船舶、機動船舶、中型船舶、揚陸（ようりく）支援システムを使い、コンテナ輸送や燃料輸送、人員や弾薬等の輸送訓練が、日米合同で行われるようになった。二〇二二年の日米共同統合訓練キーン・ソード23では、各部隊の作戦に必要な補給品を集積、梱包して約八百本のコンテナを船舶や航空機等で輸送する訓練を行った。また、作戦地域から患者を搬送する訓練も実施した。

台湾有事では、戦地の作戦を継続するために、戦地と本土との間を双方向で常に人や物を運び続ける必要がある。この機動作戦では、敵からの攻撃も想定されるため、海上輸送部隊の護衛も欠かせない。

禍根を残した民間のチャーター船

米軍は軍事物資を運ぶための専門的な輸送サービス組織がある。たとえば、海軍では「U.S. Navy's Military Sealift Command ＝MSC」(海軍輸送司令部)が海軍と国防総省の海上輸送サービスのため、世界中で毎日約百二十五隻の船舶を運航している。MSCは戦闘部隊を支え、平時と戦時における国家安全保障目標を支援する専門的海上輸送サービス組織だ。このように米軍には軍を後方から支える組織が別に存在する。

自衛隊には、軍事物資(武器、弾薬、燃料、医薬品、食料、消耗品)を大量に運び続けるための輸送用車両、船舶、航空機、そのための人員が足らない。海上自衛隊には輸送艦(おおすみ、しもきた、くにさき)と燃料補給用の補給艦(とわだ、ましゅう)がある。しか

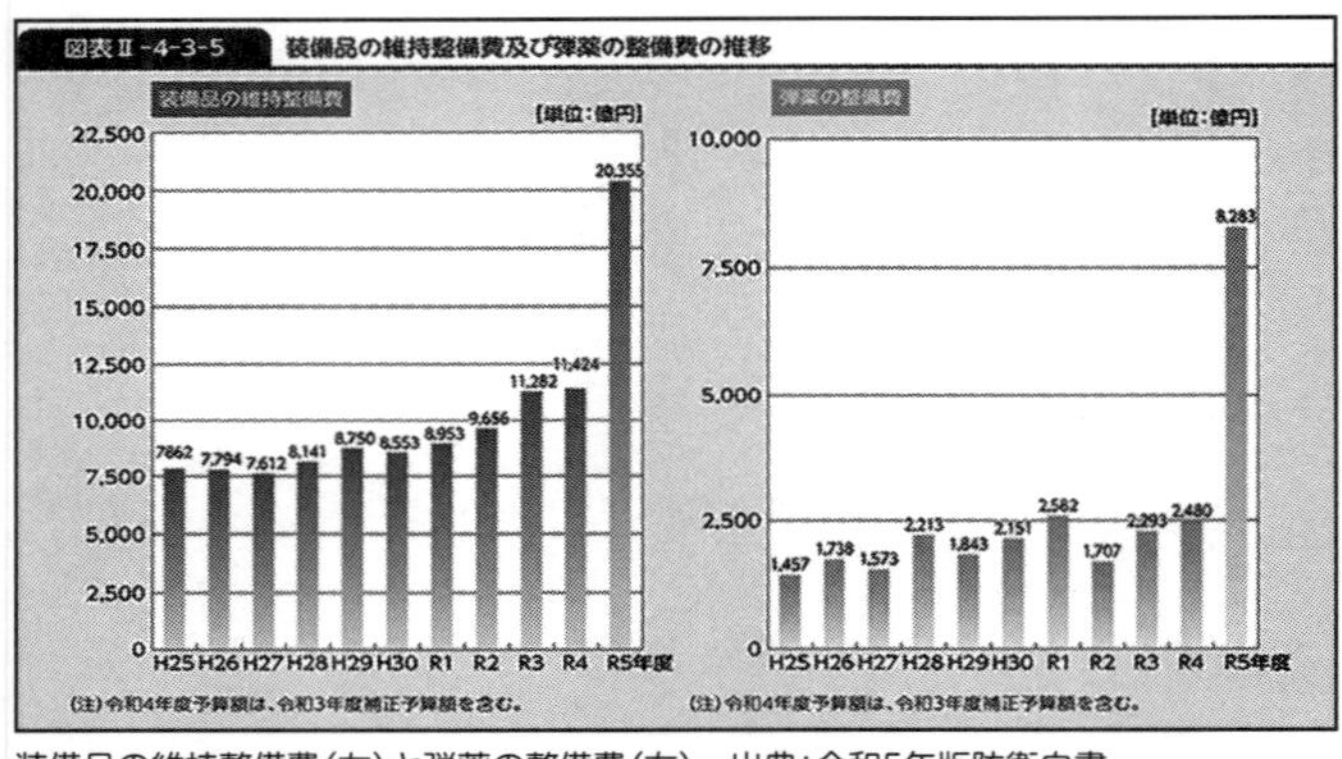

装備品の維持整備費（左）と弾薬の整備費（右）　出典：令和5年版防衛白書

し、その輸送艦には水陸機動団等の陸上部隊とその装備品などを輸送する任務がある。作戦行動中はその任務に集中しなくてはならず、他の護衛艦への物資輸送はできない。

有事には護衛艦や航空機等、多数の部隊が同時に動く。そのすべての部隊に軍事物資を運び続けるだけの輸送システムが必要だが、日本はそれを構築してこなかった。計画的な訓練は必要分の物資を運んでしまえば事足りる。しかし、軍事侵攻は戦況によって必要な物資の種類も量も大きく変化する上に、物資補給は戦争が終わるまで続く。

有事や災害派遣時に、陸上自衛隊への運航サービスを優先する民間船舶フェリーは、「はくおう」と「ナッチャンＷｏｒｌｄ」の二隻がある。しかし、二〇一六年二月七日の北朝鮮によるミサイル発射実験の際、

「はくおう」で石垣・宮古両島への自衛隊の増援部隊輸送を予定していたが、船員組合の反対で中止された。復路輸送も交渉が決裂して使えなかった。このことが、民間のチャーター船の活用に、禍根を残す結果となった。

有事を想定した軍事物資の輸送は、軍事用の輸送組織を構築しなければ作戦遂行中に物資が途絶え、隊員たちは苦しい戦いを強いられる。自衛隊では新たに陸海空共同部隊の自衛隊海上輸送群（仮称）が新編される。小型船舶だけでなく、ましゅう型補給艦より大きな補給艦も二〇二八年に就役予定だ。しかし、船舶が就役してもその運用を習熟するには時間がかかる。台湾有事に間に合わせるには、急ぐ必要がある。

補給部隊はわずか百人

どこで紛争やテロが起きても、それに対抗する作戦を維持するための軍事物資を調達し、輸送する必要がある。また、後方支援として整備、衛生、入浴、調理、洗濯等の業務も必要だ。陸上自衛隊には十五の師団・旅団があり、師団には約六千人程度の人員がいる。そのなかで後方支援に携わる人員は約八百人程度。そのうち調達と輸送を担う補給部隊は百人程度となる。六千人分の軍事物資をわずか百人で運ぶことが可能だろうか。

六千人分の糧食、調理をするならその材料、車両用の燃料、医薬品、消耗品等も次々と運ばなければならない。とても百人では難しい。さらに有事を想定すると、輸送車両が攻撃を受けて補給が滞る（とどこお）可能性があるため、予備の輸送も考えなければならない。

これまで訓練日数分、必要な物資を運ぶだけだったが、有事ではこれがいつまで続くかわからない。後方支援部隊にも休養は必要で、二十四時間働き続けることはできない。人員不足の自衛隊は後方支援要員も削られて、百人確保できるかどうかわからない現状だ。作戦地域以外の後方支援は民間業者に委託するとしても、有事に拒否されるリスクはある。

トラック輸送とドローン攻撃

戦争では軍の輸送車両がよく狙われる。

二〇二四年六月にウクライナ軍が、ロシア西部のクルスク地域で、輸送中のトラックを自爆型ドローンで攻撃した。ウクライナはこの攻撃でロシア軍の車列を破壊したと発表した。三台から四台のトラックのロシア兵は全滅し、残りの輸送車両も乗り捨てられた。その画像がSNS上にもアップされた。ウクライナ軍は、後方支援車両の破壊と兵站（へいたん）輸送車両を奪うことで、ロシア軍の兵站に打撃を与えている。ウクライナ国防省は、ロシア軍の軍事侵攻開始以来、二〇二四年六月までに一万八千台を超えるトラックや燃料タンク車を破壊したと発表した。

このように、台湾有事でも後方支援部隊が攻撃対象となることを覚悟しなくてはならない。また、ドローンによる敵国の攻撃は日本国内からも可能だ。すでに日本国内に潜伏しているテロリストや工作員たちが、レーダーにも引っ掛からない小型ドローンで南西諸島に運び込む前の燃料備蓄庫や輸送車両を狙う可能性がある。平時ですら不十分な後方部隊が機能不全に陥れば、戦地の作戦行動は継続できなくなる。輸送にも備蓄にも攻撃されることを前提で、何重にもバックアップを準備しておかなければ自衛隊は簡単に無力化されてしまう。

第十一章でもふれたが、自衛隊の物資輸送用の大型トラックは、幌が布製で耐弾性能はない。補給部隊には護衛もいない。自衛隊はこの防弾・防爆装備のないトラックを防護するため、有事の際は外側に鉄板を取り付けるとしている。それに比べて先進国の軍事車両は、走行中トイレ等で車を止めるリスクや熱中症を回避するため、トイレや空調を装備した車両に置き換わっている。もちろん、耐地雷・耐爆装備も整えている。

ロシアのウクライナへの軍事侵攻からまもなく三年。ウクライナが善戦しているのは西側諸国からの軍事支援のおかげで、国内だけではすぐに軍事物資が枯渇(こかつ)していただろう。一方、ニュース等でロシア軍の弾薬不足や人員不足が報じられている。ウクライナ領土への軍事侵攻はロシア側の補給線が長く、敵地で戦っていれば補給に苦しむのは当然のことだ。

二〇一四年のロシアのクリミア侵攻では、初期段階の情報戦でウクライナの戦意を喪失させて諦(あきら)めさせた。しかし長期戦となった場合、兵器で戦う戦争では戦時物資と人を絶やすことなく投入できることが勝利の条件となる。

古すぎる自衛隊の自動小銃

「鉄量を破るものは突撃ではない。ただ一つ、敵の鉄量に勝る鉄量だけである」

大本営陸軍参謀であった堀栄三(えいぞう)が名著『大本営参謀の情報戦記』に残した言葉だ。

当時の旧日本軍の将校の多くは狙撃によって死傷した。これは、中国が望遠鏡付照準装置と自動小銃を第一線に配備していたからだ。旧日本軍は、菊の御紋がついた三八式歩兵銃を持っていた。この望遠レンズ付き自動小銃と肉眼での三八式歩兵銃では当然勝負にならなかった。

現在の自衛隊の六四式自動小銃（一九六四年に制式採用）は製造数で二十三万丁を越えた。しかし、六十年前に製造された銃はすでに耐用年数を超えている。自衛隊は予算がなく、小銃ですら全員分を一括で揃えることができない。現在主流となっている八九式自動小銃（一九八九年に制式採用）も、常備自衛官約十五万人（実員約十四万人）はともかく、即応予備自衛官・予備自衛官・予備自衛官補の全員が持つことはできていない。

海上自衛隊の小銃訓練はいまも六四式自動小銃を使っている。この銃は、老朽化しすぎて弾詰まりを起こしやすく、訓練時に頻繁に部品が脱落する。だから自衛隊員は、小銃訓練時にはビニールテープを自腹購入して、部品が落ちないように小銃をテープで巻いている。戦場で自腹購入のビニールテープがなくなったら自衛隊員はどうするのだろうか。こんな小銃で戦えという自衛隊は、八十年以上前の旧日本軍の失敗から何も学んでいない。

二〇二〇年に調達を開始した最新鋭の二〇式自動小銃は、二〇二一年～二四年の四年間で約二万五千丁が納入された。この調子だと、全自衛隊員に二〇式自動小銃が配られるまでに、三十年近くかかる計算だ。旧日本軍は敵の最新鋭の狙撃銃に苦しんだが、その失敗から自衛隊は何も学んでおらず、同じ失敗を繰り返そうとしているのではないかと不安になる。

旧日本軍の死者の大半が餓死

旧日本軍も優れた海軍力をもっていたが、燃料と食料、弾薬、医薬品といった補給線を狙われた。先の大戦では旧日本軍の死者は軍人・軍属をあわせて二百三十万人といわれている。その死者の半数が病死であり、特に餓死が大半を占めていた。その他の病死の多くは、極度の栄養失調でマラリアにかかり亡くなっている。

先の大戦は一九四一年十二月八日に、ハワイの真珠湾攻撃とマレー作戦で始まった。石油を求めて南進し、太平洋や東南アジアの広大な地域を勢力下に収めたが、補給線が長くなりすぎた。一九四一年には軍需品が前線部隊に届く安着率は九六％ほどだったが、一九四五年には五一％程度に低下。敵は物資輸送の陸軍・海軍の徴用船(ちょうようせん)を航空機、潜水艦、機雷、砲撃等で狙い、二千隻以上の船を失った。

この戦争の勝敗に重要な役割を果たしたのはまずは航空機だった。日本陸軍の第一線であった第四航空軍司令官であり、米国研究の第一人者であった寺本中将の言葉が残っている。

「米国は大正十年のワシントン軍縮会議後ずっと、日本との戦争を準備してきた。昔から戦争では高い位置の取り合いだった。太平洋での戦争では山などない。だから航空機での制空権を奪い、これを維持することで高さを支配できると考えていた。

制空権を相手に奪われないようにするためには戦闘機を絶やしてはならない。敵の上昇能力の上へ上へと競り勝っていくことが重要だった。日本軍の零式艦上戦闘機や一式戦闘機は優秀だったが、その後が続かない。制空権を維持するには後方の国力がものを言う。軍の主兵は航空なり、というのは国力の裏付けが必要となってくる。それなくして戦争は勝てないのだ」

日米の合同演習の時には自衛隊の射撃の命中率は素晴らしく、米軍も舌を巻くそうだが、先の大戦のころから米軍の射撃は一機一機を狙うようなやり方ではなかったと寺本中将は証言している。

「米軍の護衛艦が発射する防空弾幕は空が真っ黒になる面の攻撃であり、一機たりともこの中には突入できない。米軍はレーダーで日本軍機が近づくと、一機ごとに目標をつけたりせず、敵前に弾幕を展開する。一体何万発、何十万発の弾丸を使うのか。戦場で見た者以外にはわからない」

自衛隊の射撃の命中度は高いが、米軍も中国も命中度ではなく、弾幕を作り上げる。丁寧に正確に、そして弾を無駄遣いしないという旧日本軍の感覚は受け継がれ、この差を埋めることができない。

無駄遣いしないのは、食事にも言える。自衛隊にも野外炊事車はあるが、野外訓練の大半はレトルトの携行食で済ませる。米軍は最前線でも一日一食は野外キッチンで作った温食をできる限り配食しようとする。兵士の士気が食事で左右されることを熟知しているからだ。中国の人民解放軍はさらに上を行こうとしている。中国人はもともと温かい食べ物しか食べない。これまで志願制の兵士ばかりだったが、予備役は徴兵制で集めてくる。軍に入隊する意思のない予備役の訓練では野外訓練中でも野外キッチンで作った一汁一主食四惣菜一デザートの食事を温かいうちにドローンで配食する。この様子をみて米軍も糧食費を上げた。

食事を必要な地点にドローンでピンポイントに運びきる能力は、弾薬や装備品等を常に送り続ける輸送能力の訓練にもなるはずだ。

インパール作戦と糧食

先の大戦で陸軍は商船で兵員を運ぶために四名で一坪という超過密状態で運んだ。日本軍ではもともと兵士の命もその処遇も重視しない方針だったと言われている。日本の兵士輸送はすし詰め状態で寝る場所も食べる場所も一緒だった。立ったままで乗船し、数時間交代で眠り、また立って我慢するしかなかった。

史上最悪の作戦、無謀な作戦の代名詞とまで言われるインパール作戦（旧日本軍作戦名「ウ号作戦」）は兵站を軽視した無謀な強行作戦として知られている。一九四四年三月に牟（む）田口廉也（たぐちれんや）中将の強硬な主張により、日本陸軍はインド北東部のインパールの攻略をめざした――。「補給に責任は持てない」と補給担当が止めたが、最後には「ジンギスカン作戦」を考慮することとなった。

長距離遠征作戦には後方からの補給が重要だが、日本の輸送能力ではとうてい補給はできない。牟田口はインパール付近の敵補給基地を早期に占領すれば心配なしと考え作戦を進めたのだ。歩く食料として牛、ヤギ、ヒツジを数千頭軍票（ぐんぴょう）で購入、食べるものがなくなったら引き連れた動物を殺して食い繋ぐ計画だった。これをモンゴル帝国の家畜運用にちなんで「ジンギスカン作戦」と呼んだ。だが、動物はそんなに都合よく山岳地帯を歩いてはくれない。ヒツジはまったく歩かず、行軍の邪魔になったという。

日本軍は苦戦したが、コヒマを占領した。しかし、潤沢（じゅんたく）な補給を受けている英印軍は高台の陣地から攻撃。日本軍は食うや食わずの状態で戦ったが、弾は届かずほとんど反撃はできなかった。さらにマラリアや赤痢（せきり）等の感染症も発生し、戦闘どころではなくなった。コヒマを占領していた第三十一師団の佐藤師団長は「米と弾丸は何処にあるか。お前たち（軍）は兵隊の骨までしゃぶる鬼畜か、俺は米のある処（ところ）まで下がる」と一喝した。その後、独断で撤退を決め、日本軍初の命令違反となった。補給基地をみつけても、そこには食料はまったくなかったという。

　英国国立陸軍博物館の資料によると、コヒマを占領した後、補給のない日本軍に対して、連合軍は援軍を迅速に派遣した。この戦闘中、英国空軍はおよそ一万九千トンの物資と一万二千人以上の兵士を空輸し、約一万三千人の負傷者を避難させた。日本軍は徒歩で運んできた糧食しかなかったが、連合軍は空からの補給が継続的に行われ、救援部隊が到着するまで、激しい接近戦で日本軍を撃退した。連合軍と日本軍の戦いで、通信と兵站が鍵だったことは言うまでもない。

　撤退する日本軍に猛獣や感染症が襲った。日本兵たちは傷口からダラダラと膿（うみ）を流しながら息も絶え絶えに歩き、放心して座り込む。山野（さんや）には猛獣がいる。ハゲタカやヒョウ、トラ等の猛獣が、飢餓や感染症で倒れた日本兵を数日で白骨にした。日本軍の撤退した経路はいまも「白骨街道」と呼ばれている。

英国国立陸軍博物館の同資料によると当時参加した日本軍は八万五千人、最終的に五万三千人の死者と行方不明者を出した。英国軍は一万二千五百人の死傷者を出し、コヒマの戦闘でさらに四千人の死傷者を出した。日本軍のこの作戦での死者数は諸説あり、防衛研究所の論文「日本の戦争指導におけるビルマ戦線」によると一万三千三百七十六名とされている。

犬にも負ける自衛隊の防護具

二〇二四年七月二十五日、陸上自衛隊北部方面総監部に所属する現職隊員が、射撃訓練で難聴を発症したとして、国に約九千二百万円の損害賠償を求めて札幌地裁に提訴した。自衛隊には難聴を患う（わずら）隊員はかなり多い。自衛隊には官給品として耳栓はあるが、耳栓をしていては訓練時の指示命令が聞こえない。耳栓を外して命令を聞いて作業していると、どうしても耳栓をするタイミングがずれて爆音に耳をさらすことになる。

室内や市街地の戦闘だと音が反響して、さらに耳のダメージを負う。耳の蝸牛（かぎゅう）内の感覚毛が傷つき壊れてしまうと有毛（ゆうもう）細胞はもとには戻らない。

⑭犬のほうが自衛隊員より上　（写真提供／照井資規）

自衛隊と違って、先進国ではエレクトリック・イヤー・マフが主流だ。この耳を覆う装備がヘルメットに最初からついていることも多い。この装備品であれば爆音のような大きな音は聞こえないが、人の声や足音等の小さな音は鮮明に聞こえる。

ドローン攻撃や有毒ガス等に備えるために、ロシアのウクライナ軍事侵攻以降、軍犬の聴覚、臭覚力がより重視されるようになった。このため二〇二四年にフランスで行われた世界最大の軍事装備品展示会では、犬用の防護具がたくさん展示されていた⒁。犬にもその犬の耳に適した様々な種類のイヤー・マフや防毒マスクが製造されているのだ。また犬用の救護品や応急装備品も多数展示されていた。

残念だが、犬のほうが自衛隊員よりも耳の防具はいい装備をもらっているようだ。

輸血用冷蔵庫すらなかった日本

ロシアのウクライナ軍事侵攻は二〇二二年二月二十四日に始まったが、その直前の一月二十九日にロシア軍は輸血用血液をウクライナ国境付近に移動させた。軍事攻撃で受ける銃傷や爆傷は大量出血を招くからだ。

応急処置はまず止血と痛み止めだが、できるだけ早く大量の輸血が必要だ。防衛整備計画で予算がとられるまで、自衛隊はその輸血に必要な血液製剤を貯蔵する冷蔵庫すらなかった。もし、隊員が戦傷して後方に運び込まれた場合は日赤（にっせき）から血液を送ってもらうつもりだったという……。

二〇二二年十二月に岸田内閣が閣議決定した防衛整備計画で「自衛隊において血液製剤を自律的に確保・備蓄する体制の構築について検討する」と明記された。二〇二三年度予算は約九千万円で、採血や成分の分離など凍結赤血球製剤の製造に使う機器計十一点が自衛隊中央病院に納入された。自衛隊員等から献血を募り、血液製剤の形で凍結して保存することになる。

戦傷者が出た場合は、自衛隊では止血等の応急処置を行ったあと、後方の野戦病院でさらに処置して内陸部の病院に運ぶ手順となる。人手不足が深刻になる前までは自衛隊員は一般隊員でも止血や心肺蘇生など一通りの応急処置のやり方を日赤の看護師などから学ぶ時間があった。しかし、人手不足の自衛隊にはもうそんな時間はない。

ＮＡＴＯでは傷病者の記録票をつくっており、負傷した兵士の状態を周りにいる誰でもが同じフォーマットの記録票に書き込んで後方に渡す。わずかな数の衛生隊員しか傷病者をチェックできないのでは命は救えない。こういった、その場にいる誰でもができるチェック体制が有事を前に必要だ。

いまやドローンは急激な進化を遂げており、ドローンで後方まで傷病者を運ぶ担架まで開発されている。攻撃用のドローンも３Ｄプリンターで量産され、戦争はドローンによって様変わりした。大量のドローンを積んだポッドと制御装置のある装甲車が近代戦の主役だ。中国はドローン空母を作り、ドローン戦の準備のために野外でピンポイントにドローンを送る訓練を積んでいる。

ドローンだけではない。リモート操作で動く無人マシンガン車両（ＵＧＶ：Unmanned ground vehicle）も実働している。一方、日本はどうか。昭和のままの自衛隊が、戦える自衛隊にいつ変われるのか。残された時間は少ない。

第十六章　応戦の準備を急げ！

継戦能力がない日本

「汝、平和を欲するなら、戦い（戦争）に備えよ。したがって、平和を願う者は、戦争（応戦）の準備をせねばならない」

ローマ帝国の軍事学者ウェゲティウスの警句だ。

石破総理は新内閣が発足した最初の記者会見で、防衛力強化を着実に進めていくと同時に「現在、定員割れとなっております自衛官、その処遇改善、勤務環境の改善、そして、新たな生涯設計の確立が喫緊の課題であると認識をいたしておるところでございます」と発言し、自衛隊員の職務環境、待遇改善に意欲を示した。その後に行われた衆院選で惨敗した石破総理にどこまでできるか疑問だが、誰が総理であれ、これは喫緊の課題である。

少数与党政権の運営が難しくとも、石破内閣は台湾有事を念頭に置いた困難な外交や経済、防衛の難問に直面することになる。これまで台湾有事のシミュレーションは米国の有力なシンクタンク「戦略国際問題研究所」（ＣＳＩＳ）等が想定した軍事侵攻を前提に考えられてきた。大規模な軍事攻撃で中台統一を図るというシナリオだ。空爆を皮切りに海軍による海上包囲網が敷かれ、その後に台湾への上陸作戦へと進む。

岸田前総理大臣は、このシミュレーションをもとに「国家安全保障戦略、防衛計画の大綱、中期防衛力整備計画」を新たに策定した。日本の防衛力を抜本的に強化する決意を表明し、安倍元総理の外交・防衛政策を引き継いで、歴代の総理が成し得なかった防衛力の強化に踏み切ったのである。

この抜本的強化の項目は七つの柱からなる。

「スタンド・オフ防衛能力」

「統合防空ミサイル防衛能力」

「無人アセット防衛能力」

「領域横断作戦能力」

「指揮統制・情報関連機能」

「機動展開能力・国民保護」

「持続性・強靱性（きょうじんせい）」

前半の五つの項目はすべて新たな自衛隊の軍事能力の向上だが、後半の二つはそれとは異質だ。この異質な二つの項目は自衛隊の継戦能力の向上と国民保護に関する予算だ。

「持続性・強靱性」とは、「必要十分な弾薬・燃料を早期に整備、また、装備品の部品取得や修理、施設の強靱化にかかる経費を確保」と防衛力整備計画に記されている。つまり「兵站(へいたん)」の問題だ。

兵站は、防衛力を支える根幹だ。

戦闘力を維持し、作戦を支援するために必要不可欠な機能である。どんな最新鋭の軍隊でも燃料や弾薬や食料等が十分になければ戦えない。

この兵站については、衝撃的な事実が明らかになっている。

二〇二三年一月六日、日経新聞が「日本全体での弾薬の備蓄量は最大で二カ月分程度だ。九州・沖縄での備蓄は一割に満たないと指摘されてきた」と報じた。

しかも、ほとんどの弾薬庫は北海道に集中している。台湾有事の際に、北海道から沖縄へ運ぶには遠い。この現状については後述するが、弾薬が二カ月しかもたないのでは、国や国民はとうてい守れない。

この深刻な現状を払拭するために、誰が総理であれ、岸田内閣が心血を注いだ防衛力整備計画の決意を止めることなく進めていただきたい。五年間で総額四十三兆円の防衛費拡大はまさに、岸田前総理が台湾有事の際に国民を救うために下ろした「蜘蛛(くも)の糸」である。

だがすでに、この防衛力整備計画に対する不当な印象操作ともいえる報道がある。

「不用額」という印象操作

二〇二四年七月九日、共同通信は二〇二三年度の「防衛費六兆八千二百十九億円のうち一千三百億円程度を使い残して不用額となった」とスクープし、大騒ぎになった。共同通信はこの使い残しを「不用額」と呼んだ。

しかし、この言葉は大嘘だ。「不用額」と言われると必要のなかった予算のように印象操作されてしまう。自衛隊が台湾有事に備えるには、五年間で総額四十三兆円という予算があってもまったく足らない状況だ。にもかかわらず、そのような使い残しが出るにはそれなりの理由がある。

必要最小限の予算を立てても、実際には入札でその費用が決まる。入札で決まった契約額が想定予算より安ければ、使い残しが発生する。燃料費や電気代等、為替（かわせ）変動の影響を受ける経費も予算通りにいかない。近年の激しい物価変動もあり、予算をピタリと使い切ることなど不可能だ。毎年予算の使い残しが出るのは当然のことである。

共同通信は、防衛省発足後、東日本大震災が起きた二〇一一年度の約一千八百億円の不用額に次ぐ過去二番目の規模と報じたが、これも誤解を招く表現である。二三年度の防衛費の使い残しは一千三百億円、全体の一・九％。二二年度が一・六％、二一年度は二・一％なので、二三年度が特に多いわけではない。例年とほぼ同水準で推移している。

なぜ、二三年度だけを取り上げて騒ぐのか。防衛費の単年度決算上の使い残しをわざわざ「不用額」と呼ぶ印象操作の裏側には、台湾有事への日本の備えを阻もうとする力があるのではと疑いたくもなる。

同様に、台湾に仕掛けられている認知戦がある。二〇二三年七月、「台湾政府が米国から生物兵器の発注を受けた」という記事が台湾の有力紙「聯合報」に掲載された。米国も台湾政府もこれを否定した。根拠となった文書は政府の公式文書ではないことが確認されたが、SNSで広まった噂は消すことができない。

様々な偽情報や印象操作は台湾に留まらず日米にも及んでいる。すでに情報戦争は始まっており、情報の真偽を速やかに見極めなくては、台湾有事への備えが後手に回ってしまう。

トランプ再登板、日本がやるべきこと

日本は、長らく米国の抑止力の傘に守られていると信じてきた。また日米同盟によって、日本と米国は軍事的には一体だと考えられている。

それについて石破総理は、日本の安全保障環境に関するある興味深い論文を出している。総裁選前、米ハドソン研究所に寄稿した論文で、「日米安保条約は、米国が日本を『防衛』する義務を負い、日本が米国に『基地提供』する義務を負う構造になっている。この『非対称な二国間条約』を変える時期が来ている」と論じている。

日本人の多くが、日米安保条約で米国は日本が攻撃されたら即座に戦ってくれると拡大解釈している。だが、この条約文書に米軍が一方的に日本を保護するとは書かれていない。

日米安保条約第三条に「締約国は、個別的に及び相互に協力して、継続的かつ効果的な自助及び相互援助により、武力攻撃に抵抗するそれぞれの能力を、憲法上の規定に従うことを条件として、維持し発展させる」と明記されている。

米軍が日本と共に共通の敵と戦う論拠として引用される第五条も「日本への武力攻撃が、

米国にも脅威であるときは憲法上の規定及び手続に従って共通の敵に対して行動する」と明記されている。

つまり、日本への軍事侵攻が米国に対する脅威でなければ、米軍は戦わないということだ。どんな時でも米軍が守ってくれるなどと虫のいい条約などではない。共に戦える能力がなければ、日本も米軍に見放される可能性は十分ある。

二〇二四年十一月五日に行われた米国大統領選挙で、トランプ氏が圧勝した。彼は米国の軍事力にただ乗りする同盟国に厳しい。韓国外交省は同年十月四日、在韓米軍の二〇二六年の駐留経費負担を前年度比で八・三%引き上げる協議を米政府と妥結したと発表した。トランプ氏が大統領に返り咲く前に交渉を終えることで韓国は大幅な負担増加のリスクを避けたとみられる。

米大統領にとって東アジアはどの程度に重要なのか。盲目的に頼れるものではないと自覚して、一刻も早く憲法を改正し、真の自立を実現すべきだ。トランプ大統領と歩調を合わせて俯瞰的(ふかんてき)にアジア太平洋地域の安全保障環境を整えてきた安倍総理はもういない。いまの日本に強気な外交姿勢で譲歩を迫るトランプ氏と渡り合える人物はいるのか。いなければ、日本の未来は暗いと言わざるを得ない。

憲法九条という足枷

国家間の条約では、必ず注意しなければならないことがある。それは条約が突然破棄または履行（りこう）されない場合があるということだ。

一九九四年、当時世界第三位の核兵器備蓄国であったウクライナは米英露に「核兵器を放棄して、ロシアに返却するなら、米英露がウクライナの安全を保障する」というブダペスト覚書を結び、ウクライナは核兵器を放棄した。しかしその後、二〇一四年にロシアはウクライナ領土であるクリミアへ軍事介入し、クリミアをロシアへ併合した。二〇二二年にはウクライナへ全面侵攻を開始した。

この覚書に参加している米英は、ウクライナに武器提供等の支援はしているが、直接的な軍事介入はしていない。外国との約束が場合によっては履行されない現実が、ウクライナの歴史に深く刻まれた。条約や同盟に依存すれば、それを反故（ほご）にされたときに打つ手がなくなる。その行き着く先は、ニュースに映るウクライナや中東の瓦礫（がれき）の街並みを見れば想像できるだろう。

ハドソン研究所へ寄稿した石破総理の論文には、「アジア版ＮＡＴＯ」の創設についても言及がある。アジアの安全保障を確実にするためには、さらに大きな集団防衛機構で備えようという構想だ。しかし、日本には憲法九条という足枷(あしかせ)がある。

敵地攻撃能力の是非ですら議論となる日本の構想に賛同してくれる国はいない。すでにインド外相が石破総理のアジア版NATO構想に否定的見解を出している。岸田前総理は、憲法改正の論点整理を行い、発議(ほつぎ)の一歩手前まで準備を進めた。これをさらに推し進め、憲法改正を成し遂げた上でなければ(この構想にはフルスペックの集団的自衛権の行使が不可欠だからだ)、日本はアジア版NATOの旗振り国にはなれない。

それどころか、自衛隊の兵站の悲惨な状態を他国が知れば、日本がアジアの軍事同盟の中核にはなれないことがわかるはずだ。この現状には、情けないというより恐怖すら感じる。自衛隊が継戦能力を持つまで日本への軍事侵攻がないことを祈るしかない。

二〇二二年十二月十六日に閣議決定された防衛力整備計画では、地対艦誘導弾やミサイル防衛用迎撃ミサイル、長距離艦対空ミサイル等について、必要な数量を早期に整備するとある。また、早期かつ安定的に弾薬を量産するために、防衛産業における国内製造の拡張などを後押しすることと、弾薬の維持整備体制の強化を図るとしている。

現時点で自衛隊は台湾有事に必要な弾薬を備蓄していない。さらに、その弾薬を量産するための国内の防衛産業も多くが撤退・縮小しており、量産体制が消滅している状況だ。製造も貯蔵も輸送もすべてが足らない。その現状を改善するための整備計画だ。

現場からの悲痛な訴え

二〇二二年八月、産経新聞に「対中有事には弾薬が二十倍必要　九州・沖縄備蓄量は全体の一割弱」という記事が掲載された。台湾有事に対するシミュレーションの結果、その時点で日本にある弾薬の二十倍の弾薬が必要だとわかった。

自衛隊も他の省庁と同様に単年度主義の予算である。弾薬はその年度に予定されている演習や訓練で必要な分だけしか買えない。有事に使う弾薬量を備蓄する概念すらなかった。防衛省に対しても、財務省は極限の節約を強いる。訓練や演習用に使う弾薬ですら、必要最小限に制限されているのだ。

自衛隊が使う弾薬がどれほど制限されてきたかについて、以下の現場の証言を見ていただきたい。

□証言1　数隻の護衛艦の艦長を務めた元自衛官A

海上自衛隊では年間の訓練射撃回数と使用できる弾薬数が決められている。たとえば、二〇一九年時点で「護衛艦の主砲」は年間でも数十発の射撃しかできない。砲弾やミサイル、魚雷など実射訓練で隊員の能力を高めたいと考えても、訓練では一発勝負。射撃に失敗し、修正点を是正しても検証は数カ月後にできるかどうかだ。

□証言2　陸上自衛隊幹部B

外国の艦艇が領土付近に軍事侵攻してきた場合に、これを迎撃するSSM（地対艦誘導弾）の弾薬保管量がSSMの発射機の半分しかないと聞いた。四面環海（しめんかんかい）である日本は接近する艦船をSSMで撃破し、損耗（そんもう）させることが国土防衛の第一条件。だが、弾薬庫容積が足らず、弾薬支処の人員も少ない。専用器材すら足りないので、現状では必要数の弾薬を備蓄するのは難しい。一方、一九五〇年の米軍供与の弾薬がまだ残っている。この弾薬が弾薬庫を圧迫しているのもどうにかしてほしい。

□証言3　自衛官C

射撃ができる大きい演習場が少なく訓練はほとんどが撃ったことにする、空動作。米軍の射場で実弾訓練はできるが、米軍は自衛隊の命中精度等の射撃データを解析している。最新鋭の装備や自衛隊員の能力が同盟国といえども、すべて筒抜けでいいのか。

□証言4　防衛省幹部D

初度携行弾薬（有事に部隊が最初に携行する弾薬）や使用統制基準（一人一日あたり使っていい弾数制限）で弾薬の数が限られているから節用しなくちゃならない。これは日本ならではの決まりで、米国やロシアなど外国にはない。装備品や戦術が変わり隊員が死傷したら替えがきかないのに隊員の命をこれ以上、軽視しないでほしい。

□証言5　元自衛官E

ともかく輸送が脆弱(ぜいじゃく)です。必要な物資も人員も平時の配備ですら足らない。他の拠点から人も車両も借りてくることがよくありました。平時でこれですから、有事にどうなるのかは想像もつきません。お手上げですよ。

□証言6　寒冷地の自衛隊員F

燃料事情は岸田さんになってかなり良くなりましたが、駐屯地ごとに重油の量が限られているので暖房がないこともあります。二十二時すぎると自衛隊の隊舎も暖房が切られます。「勤務環境改革！」というスローガンを見ますが、暖房費すらないのに戦えますか？

新たな弾薬庫と設備移転

自衛隊員やその関係者の証言を聞くと情けないだけでなく、自衛隊をこんな悲惨な状態にしていたことに憤（いきどお）りを感じる。これで台湾有事に私たち国民を守ることができるのだろうか。

台湾有事は日本の南西諸島沖で起こることが想定されているが、日本の弾薬はほとんどが北海道にあった。自衛隊発足後、ソ連（ロシア）による北海道への軍事侵攻が恐れられていたからだ。

台湾に近い島々が戦火に巻き込まれた場合を想定し、島嶼部（とうしょぶ）への弾薬庫分散配置が急務だ。弾薬庫を増設するには火薬類取締法で換爆量と保安距離等に関する制限があるが、石垣島、与那国島（よなぐにじま）、宮古島（みやこじま）などに弾薬庫整備が進んでいる。新たに弾薬庫を作るだけでなく、在沖縄米軍の火薬庫の共同使用も同時に進めている。

だが、弾薬があってもすぐに使えるというわけではない。

海上自衛隊の艦艇が使うミサイルや魚雷の一部は洋上での補填（ほてん）ができない。波のない湾内でクレーンを使ってキャニスターを抜きとり、再補填する作業が必要だ。その搭載には半日以上かかる。

海上自衛隊の主要な基地である呉（くれ）や佐世保（させぼ）等でないと搭載が難しい。新たな弾薬庫だけではなく、この設備移転も必要だ。

足の速い護衛艦でも日帰りで呉や佐世保で弾薬を搭載してまた沖縄に帰るような離れ業（わざ）はできない。

繰り返しになるが、二〇二三年一月、日経新聞が日本全体で弾薬の備蓄量は最大二カ月分程度だと報じた。沖縄や九州の備蓄は一割に満たない。つまり、一週間程度の備蓄しか九州・沖縄地域に弾薬がないのだ。

備蓄の七割が北海道に集中している現状を改めるには、十年後に陸上自衛隊で九十棟、海上自衛隊で四十棟の弾薬庫を増やす必要がある。計画では五年以内に七十棟作る案がやっと動き出したところだ。住民との協議がうまくいけばいいが、まだまだこれからだ。

燃料や輸送力もない

弾薬庫も弾薬を製造する能力も欠く日本だが、さらに、燃料や輸送力もない。追い打ちをかけるようだが、これも問題視しなくてはならない。

戦車も護衛艦も航空機も十分な燃料の確保が急がれる。燃料を保管するタンクについても現在整備を急いでいる。新規燃料タンクの整備と民間からのタンクの借り上げをすすめ、備蓄と安定供給を目指す計画が進められている。

平時ですら燃料が足らない状況で、有事用の備蓄があるはずがない。ほぼすべての石油を中東からの輸入に依存している日本では、有事での燃料の安定供給が難しくなる虞があ(おそれ)る。有事に備え石油の備蓄をすることがいかに重要かわかるはずだ。

台湾有事と同時に先島(さきしま)諸島が攻撃された場合、現時点では艦艇は横須賀や佐世保など、母港まで行って燃料を搭載して給油することになる。

沖縄の在日米軍からも給油できるが、備蓄量は少ない。沖縄や鹿児島等では弾薬庫や燃料タンク等の建設計画・測量・設計等が急ピッチで進められ、在日米軍内にも弾薬庫等の施設を増築する計画がある。それが完全にできあがっても、前線に燃料を運び続けるには、十分な輸送部隊とその護衛部隊が必要だ。

補給艦や輸送艦を単独で呉や佐世保まで往復させるのは危険だ。また、海上自衛隊の輸送艦は燃料や弾薬を運ぶだけではなく、戦況に合わせて島嶼奪還作戦を行うための水陸両用車AAV7・エアクッション型揚陸艇（ようりくてい）・及び水陸機動団等の自衛隊員を運ぶ任務を負っている。

先島諸島等の島の防衛に必要な燃料や食料、医薬品、弾薬等の輸送は、自衛隊の持つ船舶や航空機では足らない。

海上輸送力を補完するためには車両とコンテナの大量輸送が可能な船舶、タンカー等の多種多様な船舶が必要になる。さらに、港湾ではコンテナ搭載用の大型クレーン・フォークリフト等も必要だ。有事には、平時の訓練とは比べ物にならない物量を迅速に取り扱わなければならない。このための輸送能力も心もとない。

先の大戦も物量の差で負けた

自衛隊に継戦能力がないことは安倍元総理が初めて話題にし、岸田前総理も認め、政府がやっと重い腰をあげた。岸田前政権から受けたバトンを石破総理はしっかりとつないでほしい。そして、自衛隊に足らない兵站をはじめとした継戦能力にも目を向け、しっかりと充足してほしい。

先の大戦も弾薬と燃料と食料と医薬品を前線に十分に運び続けた国が勝利した。ガダルカナル島で日本軍が弾薬不足や食料不足に苦しんでいるときに米国は前線にアイスクリームマシンを持ち込んでいたほどだ。有事に勝利するためには、余裕のある輸送、備蓄、人員の整備が欠かせない。

最後にもう一度、ウェゲティウスの警句を引用する。

「汝、平和を欲するなら、戦い（戦争）に備えよ。したがって、平和を願う者は、戦争（応戦）の準備をせねばならない」

小笠原 理恵（おがさわら・りえ）

国防ジャーナリスト。関西外国語大学卒業後、広告代理店勤務を経て、フリーライターとして活動を開始。2014年からは自衛隊の待遇問題を考える「自衛官守る会」を主宰。月刊『Hanada』、月刊『正論』、夕刊フジなどに寄稿。19年刊行の著書『自衛隊員は基地のトイレットペーパーを「自腹」で買う』（扶桑社新書）は国会でも話題に。22年10月、公益財団法人アパ日本再興財団主催・第15回「真の近現代史観」懸賞論文で最優秀藤誠志賞を受賞。24年から産経新聞コラム「新聞に喝！」を担当。

こんなにひどい自衛隊生活(じえいたいせいかつ)

Hanada新書 006

2024年12月31日　第 1 刷発行

著　　者　小笠原理恵
発 行 者　花田紀凱
発 行 所　株式会社 飛鳥新社
〒101-0003
東京都千代田区一ツ橋2-4-3 光文恒産ビル 2F
電話　03-3263-7770（営業）　03-3263-5726（編集）
https://www.asukashinsha.co.jp
装　　幀　ヒサトグラフィックス
印刷・製本　中央精版印刷株式会社

ISBN 978-4-86801-054-8

編集担当　野中秀哉